U0221629

健康导向型
人居环境体系的构建研究

谢 劲 著

ZHEJIANG UNIVERSITY PRESS
浙江大学出版社
·杭州·

图书在版编目（CIP）数据

健康导向型人居环境体系的构建研究/谢劲著.——
杭州：浙江大学出版社，2023.8
ISBN 978-7-308-23395-8

Ⅰ.①健…　Ⅱ.①谢…　Ⅲ.①城市环境—居住环境—
研究—中国　Ⅳ.①X21

中国版本图书馆 CIP 数据核字(2022)第 243039 号

健康导向型人居环境体系的构建研究

JIANKANG DAOXIANGXING RENJU HUANJING TIXI DE GOUJIAN YANJIU

谢劲　著

策划编辑	吴伟伟
责任编辑	陈逸行
责任校对	马一萍
封面设计	项梦怡
出版发行	浙江大学出版社
	（杭州市天目山路 148 号　邮政编码 310007）
	（网址：http://www.zjupress.com）
排　　版	湖北开动传媒科技有限公司
印　　刷	广东虎彩云印刷有限公司绍兴分公司
开　　本	710mm×1000mm　1/16
印　　张	12.75
字　　数	246 千
版 印 次	2023 年 8 月第 1 版　2023 年 8 月第 1 次印刷
书　　号	ISBN 978-7-308-23395-8
定　　价	68.00 元

浙江大学出版社市场运营中心联系方式　（0571）88925591；http://zjdxcbs.tmall.com

序　言

　　健康是广大人民群众的共同追求,是经济社会发展的基础条件,也是民族昌盛和国家富强的重要标志。新中国成立特别是改革开放以来,我国健康领域的发展成就显著,人民健康水平不断提高。

　　推进"健康中国"建设,是实现社会主义现代化的重要基础。创造一个有利于促进健康行为的住区环境空间,整体提高住区环境的健康指数和面对传染性疾病的"免疫力",成为当前人居环境规划设计的必然趋势,也是推进"健康中国"建设的重要途径。

　　该书依托"健康中国"建设的背景,从跨学科的视角,对建设具有健康促进作用的人居环境进行了深入的探究,系统论述了城市人居环境和居民体质健康之间的关系。作者阐述了健康导向型人居环境的概念,通过对人居环境与健康相关理论进行梳理,建立了健康导向型人居环境评价指标体系,以及探讨城市人居环境、居民体力活动和健康之间关系的理论模型。

　　作者基于环境工程学、城市规划学、体育学和地理学的基本理论,以长三角城市社区的老年居民为研究对象,全面考察了健康导向型人居环境体系中各要素之间的影响关系,提出了健康导向型人居环境规划和实施的具体策略。

　　书中的理论分析详尽透彻,数据翔实丰富。相信该书的出版对健康城市的研究和建设都能起到积极的促进作用。

北京体育大学教授
邢文华
2023 年 7 月

前　　言

健康是促进人的全面发展的必然要求,城市化进程的加快引发了人们对公共健康的思考。城市化建设最根本的是要保证"人"和"城市"的健康。2016年10月,我国出台了《"健康中国2030"规划纲要》,明确提出"把健康城市和健康村镇建设作为推进健康中国建设的重要抓手,保障与健康相关的公共设施用地需求,完善相关公共设施体系、布局和标准,把健康融入城乡规划、建设、治理的全过程,促进城市与人民健康协调发展"。城市人居环境的形态决定了居民的生活方式,从而影响人的健康状况。在"健康中国"建设的背景下,更需要寻求一种具有健康促进作用的城市规划策略,以抵御城市化进程过快和居民体力活动缺乏带来的健康威胁。城市人居环境作为城市最主要的空间结构单元,是居民生活交往的主要场所,同时起到联系城市和个体的关键作用,在改善社区人居环境、引导个体健康生活方式养成和促进健康城市发展等方面具有十分重要的意义,是实现"健康中国"战略目标的根本落脚点。

在此背景下,本书以跨学科的角度,通过对人居环境与健康相关理论进行分析,建立起健康导向型人居环境评价指标,以及城市人居环境、居民体力活动和健康关系的理论模型,探索了健康导向型人居环境规划的新思路,为健康城市建设提供理论支撑和可实施性参考。本书基于当前健康城市建设的方向和路径,提出塑造一种健康导向型的城市人居物质环境和精神环境形态、打造一个促进健康行为的城市住区环境空间的规划建议,这对于提高城市居民的生活质量、扩大其活动空间、改善其健康状况具有重要的实践意义。

本书共分为七章:第一章"绪论",阐述研究背景,提出研究的问题,表明研究的目的与意义,介绍研究对象与方法;第二章"健康导向型人居环境体系的理论建构",阐述与研究相关的概念、理论基础,对健康导向型人居环境的本质进行解读,提出本研究的理论模型和研究假设;第三章"健康导向型人居环境的影响要素分析",阐述健康导向型人居环境的构成要素,分析居民对健康人居环境的需求和健康导向型人居环境的基本属性并提出健康导向型人居环境的规划拓展;第四章"健康导向型人居环境的评价指标研究",采用专家咨询法和层次分析法建立了健康导向型人居环境指标体系;第五章"健康导向型人居环境模型的实证研究",采用结构方程模型和中介效应检验来验证人居环境与体力活动、健康之间的关系;第六章"健康导向型人居环境的规划研究",提出健康导向型人居环境规划的基本原则、关键点、宏观路径和具体策略;第七章"结论与展望",对此次研究的主要观点与实践进行总结,提出研究的不足之处和对未来研究方向的展望。

本书是2019年度教育部人文社会科学研究青年基金项目(项目批准号:19YJC890049)的阶段性研究成果。鉴于作者水平有限,书中难免有不妥和错漏之处,恳请各位读者不吝指正。

谢 劲

2022年9月

目　　录

第一章　绪论 ……………………………………………………………… 1

第一节　研究背景与问题的提出 ……………………………………… 1

第二节　研究目的与意义 ……………………………………………… 5

第三节　研究视角与内容 ……………………………………………… 6

第四节　研究对象与方法 ……………………………………………… 8

第二章　健康导向型人居环境体系的理论建构 …………………… 12

第一节　概念界定与理论基础 ………………………………………… 12

第二节　国内外文献综述 ……………………………………………… 24

第三节　健康导向型人居环境的本质解读 …………………………… 56

第四节　健康导向型人居环境理论模型构建 ………………………… 76

第五节　本章小结 ……………………………………………………… 79

第三章　健康导向型人居环境的影响要素分析 …………………… 80

第一节　健康导向型人居环境的构成要素 …………………………… 80

第二节　健康导向型人居环境的主体需求 …………………………… 86

第三节　健康导向型人居环境的基本属性 …………………………… 94

第四节　健康导向型人居环境的规划拓展 …………………………… 96

第五节　本章小结 ……………………………………………………… 98

第四章　健康导向型人居环境的评价指标研究 …………………… 99

第一节　评价指标体系的构建思路 …………………………………… 99

第二节　指导理念与基本原则 ………………………………………… 102

第三节　评价指标体系的初步构建 ································· 105

第四节　评价指标的确立与释义 ································· 108

第五节　本章小结 ·· 119

第五章　健康导向型人居环境模型的实证研究 ················· 120

第一节　调查对象的基本情况 ································· 120

第二节　健康导向型人居环境理论模型的检验 ············· 124

第三节　健康导向型人居环境模型实证结果分析 ··········· 129

第四节　本章小结 ·· 136

第六章　健康导向型人居环境的规划研究 ····················· 137

第一节　健康导向型人居环境规划的基本原则 ············· 137

第二节　健康导向型人居环境规划的关键点 ··············· 139

第三节　健康导向型人居环境规划的宏观路径 ············· 142

第四节　健康导向型人居环境规划的具体策略 ············· 145

第五节　本章小结 ·· 163

第七章　结论与展望 ··· 164

第一节　研究结论 ·· 164

第二节　研究展望 ·· 165

参考文献 ·· 166

附录 ·· 180

第一章　绪　　论

第一节　研究背景与问题的提出

一、研究背景

(一)城市化进程下居民健康问题日益突出

城市化是当今人类社会发展的总体趋势,是社会生产力发展的客观要求和必然结果。在城市化进程下,城市规模不断扩张,各种问题也接踵而至,其中城市健康和居民健康的问题尤为突出。在城市健康问题中,机动车数量的急剧增加给城市带来了众多交通问题,其中交通拥堵已成为困扰城市发展的突出难题,空气污染等环境问题也成为制约城市健康发展的关键问题。而市民的高热量饮食和低体力活动量,以及不断恶化的空气污染问题,导致市民患肥胖症、心血管疾病、呼吸道疾病等慢性疾病的概率急速攀升。目前,慢性疾病已成为影响我国居民身体健康状况的重要因素。同时,随着城市生活节奏的加快和工作强度的增大,久坐少动成为人们工作生活的常态。而外卖、网购、居家办公等互联网新时代生活方式的出现和高密度城市建设后公共绿地的匮乏,又进一步减少了人们到户外空间开展健康活动的机会。不良生活方式是健康问题发生的根本原因,缺乏体力活动更是造成慢性疾病、亚健康状态的危险因素。

2017 年国务院发布的统计数据显示,我国慢性疾病防治的经济负担已超过其他所有疾病,慢性疾病问题是影响公众健康的重要问题。有关城市居民健康状况的调查数据显示,处于亚健康状态的城市居民的数量是处于健康状态城市居民数量的 $4\sim5$ 倍[1]。由此可见,随着城市化进程的加快,虽然人们的物质生活水平得到

---

[1]　于智敏.走出亚健康[M].北京:人民卫生出版社,2003.

大幅度的提高,但城市环境的逐渐恶化以及人们生活方式的转变导致新的健康问题日益突出。人的健康与城市环境恶化之间的矛盾愈发尖锐,解决人的健康与城市发展之间的矛盾迫在眉睫。从城市规划来看,可以通过优化人居环境设计、降低居民致病因素影响、引导居民养成健康生活方式,实现规划手段对人群健康的主动干预。

（二）居民对于健康的需求与日俱增

城市化进程的加快引发了人们对于公共健康的思考,一味地追求城市化建设并不是现在的主流,最根本的还是要保证"人"和"城市"的健康。1986年,世界卫生组织欧洲区域办公室发起健康城市运动,旨在强调以促进人的健康为目的来改善城市的物质和社会环境,以空间营造和政策支持推动居民养成健康的生活方式为途径,来促进社会、环境和人群的共同健康。我国于1994年加入该运动后致力于健康城市规划。2016年10月25日,我国印发了《"健康中国2030"规划纲要》,以"共建共享"为基本路径,以"全民健康"为根本目的,以"普及健康生活、优化健康服务、完善健康保障、建设健康环境、发展健康产业"为重点[①],全面推进"健康中国"建设。随着人们生活水平的提高,追求健康正日渐成为一种潮流和时尚,涌现出了各种类型的社区康体活动和全民健身热潮,健康成了人们对美好生活的更高追求。解决城市问题能营造更好的生活环境,打造健康并且富有活力的城市生活空间,使人们的健康生活得到保障。

目前,人们对健康重视程度的不断提高以及对美好生活的向往,使得人们对健康更加渴望。在当前各方面健康问题日益突出的背景下,通过城市人居环境的合理构建引导人们改变生活习惯、开展有益于健康的户外体育运动和社交活动、缓解精神压力,是解决我国公共健康问题的重要方式。人居环境是人们进行日常健康活动的主要场所,加强健康城市建设、提高城市空间的健康效用,对满足城市居民的健康需求至关重要。由此可见,在城市化快速发展的今天,城市和居民对于健康的需求日益增加,如何建设健康城市、从规划的角度解决城市建设中的弊病也成为当前亟待研究的内容。

（三）新时代背景下健康中国发展的需求

健康是经济和社会发展的重大议题。我国历来重视全民健身和健康城市建设工作,早在1995年就颁布了《全民健身计划纲要》。近年来,中央不断明确具体工作方向和内容,相继出台了《全民健身计划（2016—2020年）》《健康中国建设规划

---

① 详见中共中央、国务院于2016年10月25日印发的《"健康中国2030"规划纲要》。

(2016—2020年)》《"健康中国2030"规划纲要》《"十三五"卫生与健康规划》,开展了健康城市和健康村镇建设工作、足球场地设施建设工作等,将"全民健身"和"健康中国"提升为国家战略,强调"把健康融入城乡规划、建设、治理的全过程"。

2016年中共中央、国务院印发的《"健康中国2030"规划纲要》明确指出,要把保障人民健康福祉放在优先发展的战略地位,社会发展模式要以人的健康为根本出发点与落脚点[①]。习近平总书记在党的十九大报告中明确指出:"实施健康中国战略。人民健康是民族昌盛和国家富强的重要标志。要完善国民健康政策,为人民群众提供全方位全周期健康服务。"[②]这是新时代健康城市建设的总纲领,体现了国家对健康公平的关注,体现了新的发展理念,符合国际发展潮流,符合人民群众对健康公平的需求。可以说,城市的健康以及居民的健康在每个阶段都与国家整体战略紧密相关。健康城市的建设离不开健康的环境基础,城市人居环境是居民的生活空间,是影响居民体力活动和体质健康的重要因素。关注居民健康问题是社会和谐发展的需要,城市居民对健康生活方式的追求,也对城市环境规划和管理提出了新要求。在新时代的背景下,城市人居环境对人们健康活动的容纳力将成为衡量健康城市建设水平的新标准,也是"健康中国"建设的重要考虑因素。

(四)健康城市理论与实践不断发展

人居环境可持续健康发展一直是城市规划和公共健康等领域的主要课题。20世纪80年代至今,在短短的40多年时间里,中国城市住区经历了从"求量"到"求质"的转变过程。随着城市居民从"生存"到"生活"的转变,城市建设正从以经济建设为中心的发展模式转向以人本主义为核心的均衡发展模式。一方面,随着人们生活方式的日趋合理,环境和自然资源的全球观念日益普及,人们对自身的权益也日趋尊重,急切要求提高居住质量。在"城市病"的冲击之下,许多城市已经认识到高品质的公共空间对生活和经济活动的重要性。另一方面,随着城市化的快速推进,各种新型城市问题的出现催生了跨学科城市规划,对人居环境的研究也逐渐同相关学科融合,以寻求更加广泛的科学规划依据。因此,当城市化的快速推进导致城市居民不得不面对"城市病"威胁的时候,健康城市规划理念也在不断发展,进行多学科交叉融合研究,共同促进公众健康已成为必然趋势。

人居环境是促进公众健康的重要因素之一,也是城市规划主动干预公众健康

---

① 新华社.中共中央国务院印发《"健康中国2030"规划纲要》[EB/OL].(2016-10-25). www.gov.cn/xinwen/2016-10/25/content_5124174.htm.

② 中华人民共和国中央人民政府.习近平:决胜全面建成小康社会 夺取新时代中国特色社会主义伟大胜利——在中国共产党第十九次全国代表大会上的报告[EB/OL].(2017-10-27). http://www.gov.cn/zhuanti/2017-10/27/content_5234876.htm.

的重要切入点。大量研究表明,健康并非仅受个体生理特征、生活方式等因素的影响,还与城市的人居环境有一定的相关性[①]。人居环境一方面受致病因素影响,另一方面对人群的个体行为产生影响。与医疗技术等被动促进健康的作用效果相反,人居环境规划及其优化能鼓励居民主动参与体力活动和锻炼,降低污染暴露的程度,获得健康效益。因此,打造一个有利于促进健康行为的住区环境空间,整体提高住区环境的健康指数和面对传染性疾病的"免疫力",成为当前人居环境规划设计的必然趋势。统筹社区建成环境的可持续发展兼顾提高健康水平和增加居民体力活动,是"健康中国"战略的关键所在。

二、问题的提出

公众健康问题是人类社会永恒的话题。目前,我国经济社会发展面临严峻的健康挑战。近年来心血管疾病、糖尿病及癌症等慢性疾病死亡率攀升等问题日益严重,加之 2002 年暴发的"非典"和 2020 年暴发的疫情给全社会带来的巨大影响和损失,促使人们深刻认识到健康的重要性,引起了全社会对健康问题的思考。促使现代城市规划产生的原因之一便是疾病的肆意蔓延。尽管曾经健康与规划学科的关系疏离,但城市规划的健康导向始终是不可忽视的。然而,随着中国经济的飞速发展和近年来城市化的快速推进,人类的居住环境面临着前所未有的巨大挑战。

鉴于快速发展带来的健康问题,我国开展了健康城市试点工作,并提出"健康中国"战略。2015 年党的十八届五中全会首次将"健康中国"上升为国家战略;2016 年发布的《"健康中国 2030"规划纲要》明确提出将健康城市建设作为推进"健康中国"建设的重要抓手;2019 年发布的《健康中国行动(2019—2030 年)》对"健康中国"战略的实施具有指导意义。可见,我国高度重视推进"健康中国"建设,同时也推动城市规划更加关注人群健康问题。在此背景下,如何通过规划手段营造健康和可持续发展的城市人居环境,成为规划行业研究的核心问题之一。作为承载人们公共活动场所的城市人居环境,本应合理地发挥其健康促进功能,为居民提供适当的交流空间和锻炼场地,但由于存在场地缺乏、活力不足等问题,城市环境空间的健康导向性不足,无法满足居民基本的健康需求。

此外,在居民的日常生活中,久坐、缺乏体力活动的现象极为普遍,这不仅对居民的身体健康和心理健康造成一定的危害,还对居民的社会适应性带来不良的影响。城市人居环境作为城市最主要的空间结构单元,是居民生活交往的主要场所,同时起到联系城市和个体的关键作用,在改善社区人居环境、引导个体健康生活方式养成和促进健康城市发展等方面具有十分重要的意义,是实现"健康中国"战略

---

① 田莉,欧阳伟,苏世亮,等. 城乡规划与公共健康[M]. 北京:中国建筑工业出版社,2019.

目标的根本落脚点。而改善居民的生活环境、增加居民的日常体力活动是健康城市建设的当务之急。本书正是在健康城市理念的引导下展开研究和论证的。

第二节　研究目的与意义

一、研究目的

当前,城市蔓延和工业化快速发展,城市居民的亚健康状态日益严重,要改变这一现状,改善对人们健康生活方式具有诱导作用的居住环境显得尤为重要。在"健康中国"建设的背景下,更需要寻求一种具有健康促进作用的城市规划策略,以抵御城市化的快速推进和居民体力活动缺乏带来的健康威胁。基于此,本书通过对人居环境和健康相关理论进行分析,建立起健康导向型人居环境评价指标,以及城市人居环境、居民体力活动与健康关系的理论模型,提出健康人居环境的规划策略,希望实现以下目的。

第一,梳理相关学科基本理论知识,建立健康导向型人居环境体系的理论框架,对健康本质和健康城市理念进行解读,明确健康导向型人居环境的内涵、构成要素,以及居民的需求。

第二,研究与人们息息相关的城市人居环境与健康方面的关联,为环境健康学的发展提供研究依据,建立健康导向型人居环境评价的指标体系,丰富健康促进领域和人居环境学科的研究内容。

第三,从促进人群健康的角度出发,建立健康导向型人居环境理论模型并进行模型验证,分析人居环境要素、体力活动和健康之间的关系,明确各因素对体力活动和健康的作用路径。

第四,基于人居环境各要素对体力活动和健康作用的系统分析,提出健康导向型人居环境的规划原则和关键点,建构各个环境要素的健康化营造目标,并提出健康导向型人居环境规划的宏观路径和具体策略。

二、研究意义

(一)理论意义

1.促进学科理论交叉融合

目前,人居环境与居民健康的关系研究已逐渐成为跨越城市规划、公共卫生、健康促进等研究领域的研究新方向。然而,目前国内与健康相关的人居环境研究仍存在一些不足,比如评价体系等并不完善、将空间结构与公共健康相结合的实证分析较为有限、难以在实践中有效指导人居环境规划等。本书以城市人居环境作为物质空间载体,以健康城市理念为引导,尝试在环境工程学、城市规划学、体育学、地理学等相关学科之间拓展人居环境科学新领域,因此,本书有利于促进各学科理论交叉融合、相互借鉴、充分共享研究成果。

2.丰富学科理论与实践内容

本书建立了与体力活动和健康相关的人居环境评价指标,构建了健康导向型人居环境评价体系和理论模型,这对于健康城市的环境建设和评价具有重要的理论价值,也拓展了人居环境与体力活动及健康关系模型。同时,将环境行为学的基本观点、原理运用到城市人居环境建设领域,探索健康导向型人居环境规划的新思路,丰富了我国人居环境学科、体育健康学科和健康城市研究的理论与实践内容。

(二)实践意义

1.有助于"健康中国"战略的实施

"健康中国"战略旨在促进人们养成健康生活方式,实现全民健康。本书提出人居环境规划策略,有助于人们进行有效的体力活动、改善健康状况,有助于"健康中国"战略的实施。

2.有助于健康城市的建设

个体健康问题和城市人居环境的发展有着千丝万缕的联系。城市化进程的加快,导致慢性疾病患病率逐年升高,运动休闲空间减少。本书以健康导向型城市人居环境为研究对象,通过对人居环境进行合理规划,为健康城市建设提供理论支撑和可实施性参考。

3.有助于促进公众健康

本书基于当今健康城市建设的方向和路径,提出塑造一种健康导向型的城市人居物质环境和精神环境形态、打造一个促进健康行为的城市居住空间的规划建议,这有助于提高城市居民的生活质量、扩大其活动空间、改善其健康状况。

第三节　研究视角与内容

一、研究视角

人居环境是一个开放的体系,是包括交通流、人口流等各种物质流的聚合体,因而不能从单一的层面进行研究。城市人居环境规划是与可持续发展战略相适应的,它将生态学的原理和城市总体规划、环境规划相结合,对城市生态系统的开发和建设提出合理的对策,从而实现正确处理人与自然、人与环境的关系的目标。

城市人居环境规划强调城市内部各种生态的质量提高和协调共存,以及城市居民与城市环境的和谐发展。它不仅关注城市自然环境的利用和消耗对城市居民生存状态的影响,而且关注区域功能、结构等区域内在机理的变化和发展对区域生态变化的影响。因此,可以将城市人居环境规划的研究范畴概括为三个方面:管理系统,如土地利用、城市建设、人口、治安等;城市自净系统,如生态绿地等;城市人文环境系统,如社区精神生活等。

个体的健康受体力活动和环境的影响,而体力活动受人居环境的影响,对城市人居环境做出合适的干预必然会促进居民健康水平和体力活动水平的提高。因此,本书以"广环境"为基础,从健康城市规划的视角将以上要素体现于健康导向型人居环境的研究中,以系统观、人本观等思想为指导,以建立安全、健康、舒适的人居环境为目的,从物质环境和精神环境层面展开对人居环境的研究,并探讨人居环境、体力活动和健康之间的关系,以及人居环境诸要素对体力活动和健康的作用路径,根据以上研究结果建构健康导向型人居环境规划的优化模式。

二、研究内容

本书基于"健康中国"建设的背景,对建设具有健康促进作用的人居环境进行思考。在健康城市理念下,提出了健康导向型人居环境的概念,建立基本的理论框架,主要研究健康导向型人居环境影响要素、评价指标、健康人居环境要素和体力活动及健康之间的关系,力图为健康人居环境建设提供新的思路与解决措施,主要研究内容如下。

对健康导向型人居环境体系构建相关概念进行界定,对国内外相关文献进行综述,对健康导向型人居环境的本质进行解读,并根据研究理论和文献综述提出本书的理论模型和研究假设。

从自然环境、交通环境、配套环境层面阐述城市物质环境构成,从人文环境、文化环境、心理环境层面阐述精神环境构成。同时,在物质和精神两个维度下分析了居民对健康人居环境的五个层次需求,以及健康导向型人居环境的基本属性和规划拓展。

采用专家咨询法和层次分析法,以相关人居环境评价文献及成熟的量表为参考,并结合研究经验和专家意见,建立健康导向型人居环境指标体系,并对各指标进行评价。

以长三角城市社区老年人为研究对象,验证健康导向型人居环境理论模型。利用结构方程模型和中介效应检验验证人居环境、体力活动、健康之间的关系,以及体力活动的中介效应,并分析各要素之间的影响关系。

介绍健康导向型人居环境规划的基本原则和关键点,提出健康导向型人居环境规划的宏观路径,并从交通环境要素、游憩环境要素以及人文环境要素的健康构建角度提出健康导向型人居环境规划的具体策略。

第四节　研究对象与方法

一、研究对象

本书的研究对象为城市健康导向型人居环境。在进行健康导向型人居环境模型研究时,以长三角地区的杭州、宁波、南京、苏州、上海5个城市的老年居民作为测评对象。长三角地区是我国城市化和经济发展较快的地区,其老龄化程度高于全国平均水平,具有很高的代表性。笔者随机选取调查地区中 60～80 岁的老年受试者作为样本,对其健康状况、体力活动情况及居住环境进行测评。本书中的体力活动主要指的是休闲性体力活动和步行性交通体力活动,倾向于自发、游憩性的身体活动,主要包括体育锻炼(如跑步、打球等)和购物等方面。大多数老年人退休在家,可支配的闲暇时间较多,他们是体力活动参与较为频繁的人群,且在当前社会环境下,老年人体力活动与人居环境研究对促进老年人健康和提高其生活质量及幸福感具有重要意义,因此选择老年人作为测评对象,更具有现实意义。

二、研究方法

(一)文献资料法

在中国知网、中国人民大学复印报刊资料库、EBSCO 数据库等平台,以"人居环境""体力活动""健康城市""健康""建成环境"为关键词搜索相关文献资料,了解当前人居环境与健康领域、建成环境与体力活动领域研究前沿和动态。通过对文献资料的整理与分析,系统、全面地梳理国内外研究成果,为本书的研究奠定理论基础。

(二)问卷调查法

1.问卷调查内容

问卷调查法在社会研究中占有重要的地位,是一种相对方便、高效,能收集大量数据的方法。本书采用问卷调查的方式收集被调查者的人口统计学信息、健康状况,以及对健康导向型人居环境的感知等。主要包括以下几部分内容。

（1）个人基本情况：性别、年龄、教育水平、经济水平、居住环境状况等。

（2）自评健康调查："您对健康状况自我评价是多少分？1分表示非常不健康，2分表示比较不健康，3分表示一般，4分表示比较健康，5分表示非常健康。"

（3）认知功能调查：利用蒙特利尔认知评估量表（MoCA）（中国版）测评老年人的认知能力[①]。该量表已经被证明在中国老年人认知能力测试中具有较好的信效度，包括视空间技能、执行功能、记忆、注意与集中、计算、语言、抽象思维、定向力等8个认知领域的测试。量表总分为30分，分数越高表明认知能力越好，如果受教育年限≤12年，则在测试结果的基础上加1分，以矫正受教育年限的偏倚。经过专业培训的测试人员采用一对一的方式，严格按照要求对老年人进行认知能力测试，完成整个量表的测试大约需要10min。

（4）患慢性疾病数量调查：测量老年人患慢性疾病数量，包含高血压、高血脂、糖尿病，无慢性疾病赋值为3，患一种慢性疾病赋值为2，患两种慢性疾病赋值为1，患三种慢性疾病赋值为0。

（5）身体质量指数（BMI）调查：BMI是国际上常用的衡量人体胖瘦程度以及是否健康的一个标准。被调查者自行填写最近一次测量的身高、体重，根据公式BMI＝体重（kg）/身高（m）^{2}，计算出BMI。依据2010年卫生部发布的《营养改善工作管理办法》（卫疾控发〔2010〕73号）中的"健康体质量"标准，将BMI≥24kg/m^{2}界定为超重，将BMI≥28kg/m^{2}界定为肥胖。

（6）人居环境评价调查：基于文献、相关理论和访谈结果，在咨询专家意见的基础上建立健康导向型人居环境评价指标体系，在信效度检验之后，最终确定适合本书的健康导向型人居环境评价指标。指标条目采用李克特5级评分法，用1～5分别表示很不同意、不同意、一般、同意、非常同意。

2. 数据收集方法

由课题组成员成立调研小组，各成员分工明确，执行能力较强。在正式调研前，课题组组长对各成员进行培训，包括问卷的填写规范、问卷合格标准、加速度计的佩戴部位与使用方法等。在体育局、相关街道办事处、居委会的帮助下，以健康讲座等形式对老年人进行集中宣讲，采用面对面的方式收集数据，以保证问卷的有效性。

调查时间为2019年5—12月，采用目的性抽样和随机抽样的方法，兼顾方便性原则，共选取1000名60～80岁常住老年居民作为调查对象。其居住的小区均具有多样的人居环境特征，入住率超过80%，且被测试居民身体健康、精神状态正

---

① 王云辉,范宏振,谭淑平,等. 社区老年人身体活动与认知功能的关系[J].中国心理卫生杂志,2016,30(12):909-915.

常,愿意积极配合。按照自愿参加的原则,测试前向调查对象发放知情同意书,详细介绍研究的目的和意义、调查的流程、调查的项目、调查可能带来的不便等,并请愿意参加测试的社区老年人签署知情同意书。

(三)测量法

老年人体力活动利用三维加速度计 Acti Graph GT3X+进行测量,将三维加速度计佩戴于受试者右侧髂脊上部。由于受试者年龄偏大,部分受试者认知水平较低,测试前由工作人员一对一、面对面向受试者详细讲解测试要求、测试内容,每天早上起床佩戴三维加速度计,并开启 GPS 仪器,晚上睡觉时取下,受试者洗澡、游泳时取下仪器,其余时间严格佩戴。受试者在佩戴三维加速度计期间不能改变日常生活习惯。受试者需连续佩戴 4 天三维加速度计,其中有效统计分析天数至少 3 天(2 个工作日+1 个休息日)。测试人员在第 5 天上门回收三维加速度计,仪器回收后利用 Actilife(Version 6.13.3)对数据进行下载、分析,对于测量数据缺失的受试者,在征得本人同意后进行相应补测。每天包含 8h 以上有效佩戴时间(连续 60min 以上计数为 0 的时间定义为非佩戴时间,允许有 2min 以内计数在 99 以下波动)。在有效佩戴时间内选择 Freedson Adult(1998)方程计算各强度时间,具体界值如下。体力活动(physical activity,PA)/d=(工作日 PA×5+休息日 PA×2)/7。三维加速度计的参数内容包括:测试仪器、采样间隔、未佩戴时间、每天佩戴有效时间、纳入有效统计分析天数、体力活动强度界值等。本书选择现有老年人体力活动研究中使用较多、较为合理的数值对参数赋值,以保证研究结果与同类研究具有一定的可比性,具体参数设置见表 1-1。再通过 GPS 仪器记录老年人体力活动轨迹,确定老年人体力活动频率和体力活动时间。最终选择的体力活动指标是总体力活动量、体力活动强度、体力活动频率和体力活动时间。

表 1-1 　　　　　　　　**Acti Graph GT3X+体力活动测量参数设置**

序号	参数内容	参数设置
1	测试仪器	Acti Graph GT3X+
2	采样间隔	10s
3	未佩戴时间定义	Choi 算法
4	每天佩戴有效时间	≥480min
5	纳入有效统计分析天数	至少 3 天(2 个工作日+1 个休息日)
6	体力活动强度界值	Freedson Adult(1998)方程
7	Moderate PA(中等强度体力活动)	1952≤每分钟计数≤5724
8	Vigorous PA(高强度体力活动)	5725≤每分钟计数≤9498
9	Very vigorous PA(超大强度体力活动)	每分钟计数≥9499

(四)专家咨询法

专家咨询法是采用匿名方式广泛征求专家的意见,经过反复多次的信息交流和反馈修正,使专家的意见逐步趋向一致,最后根据专家的综合意见,对评价对象做出评价的一种定性和定量相结合的预测、评价方法,这种方法在国外被称为"德尔菲法"。本书在进行健康导向型人居环境评价指标研究时,采用专家咨询法向专家发放问卷,咨询专家的意见,再根据专家建议进行指标的修订,进一步完善评价指标,确定本次健康导向型人居环境评价指标的具体条目。

(五)数理统计法

运用数理统计法对问卷调查和测量所获得的数据进行统计处理。在对原始数据进行归纳、整理、筛选的基础上,运用 SPSS 22.0 和 Amos 22.0 统计软件包从各个层面对有效的数据进行相应的统计处理,并进行问卷信效度检验和结构方程模型分析。主要运用结构方程模型分析健康导向型人居环境、体力活动、健康之间的关系,以及人居环境诸要素对健康的作用机制,通过路径分析探讨潜变量间的关系,同时采用 Bootstrap 方法检验体力活动在人居环境与健康之间的中介作用。

第二章　健康导向型人居环境体系的理论建构

第一节　概念界定与理论基础

一、相关概念

(一)健康城市

"健康城市"一词源于 20 世纪 80 年代世界卫生组织欧洲地区专属的"健康城市"项目。1988 年,伦纳德·迪阿尔(Leonard Dual)和崔佛·汉考克(Trevor Hancock)首次提出了完整定义:"健康城市就是一个能够促使创造和改善其自然和社会环境,扩大社会资源,使人们能够相互支持、履行生命中所有功能,实现可能达到的最理想的健康状态的城市。"[①]随后该定义得到了补充:"健康城市不是一个达到特定健康水平的城市,它不是一个标准而是对健康有清醒认识并努力对其进行改善的城市。"之后健康城市定义不断得到补充和完善,直至 1994 年世界卫生组织对其重新定义,健康城市才有了统一的官方定义:"健康城市应该是一个不断开发、发展自然和社会环境,并不断扩大社区资源,使人们在享受生命和充分发挥潜能方面能够互相支持的城市。"[②]

由此可见,健康城市的内涵涉及城市及人群的各个层面,包括城市空间环境和资源、社会氛围及个人行为等。健康城市既不是指某个城市建设项目,也不是指达到特定状态的城市,而是从城市规划、建设到管理各个方面都以人的健康生活和发展为重,为居民充分发挥积极性和能动性提供良好的自然和社会环境,以实现健康

---

① 章舒莎,李宇阳.健康城市理论研究综述[J].科技视界,2014(25):150-152.

② World Health Organization. Constitution of the World Health Organization[C]//WHO Basic Documents,40th ed. Geneva:World Health Organization,1994.

人群、健康环境和健康社会的有机统一为目的的城市概念。健康城市的概念提出后，健康城市运动率先在欧洲展开，通过制定相应的城市规划、法律法规、评价标准等开展城市健康促进计划，逐渐发展并扩大到全球其他地区，成为国际性运动。

(二)人居环境

人居环境是人类聚居环境的简称，囊括的内容非常丰富。它是在人类居住和环境两大概念的基础上发展起来的，是人类改造自然的劳动成果。早在 20 世纪 50 年代，希腊建筑规划学家道萨迪亚斯就创立了人类聚居学，其在《为人类聚居而行动》一书中提出一个广义的定义，即"人类聚居是人类为自身作出的地域安排，是人类活动的结果，其主要目的是满足人类生存的需求"。在整合其观点之后，我国吴良镛院士指出，人居环境是与人类活动密切相关的人类生存环境，包括提供人类活动的空间场所、物质、能量，以及人类活动过程中形成的一切社会经济关系，其是一个大环境，范围可以从个人居所的环境延伸到交通、就业等方方面面，是一个庞大而复杂的系统。

关于人居环境，不同学者研究的角度不同，对其所下的定义也不尽相同。从构成要素来看，有狭义和广义的人居环境之分。狭义的人居环境是指人类聚居活动的空间，是居民赖以生存的空间场所，它是在自然环境基础上构建的人工环境，是与人类生存活动密切相关的地理空间；广义的人居环境是指围绕个人、社会或人类这个主体而存在的一定空间内的构成主体生存和发展条件的各种物质性和非物质性因素的总和，是与人类发展相关的各种要素的综合，它既是人类赖以生存的基地，又是人类与自然之间相互联系的空间过渡[1]。

上述对人居环境的界定虽然不同，但是有些要素是共同的，即人居环境的主体是人，客体是人类的日常活动空间，研究对象是人类日常活动所依托的环境，这种环境既包括自然生态环境、空间环境，也包括人文生态环境。也就是说，人居环境包括自然生态环境在内的任何与人生活有关联的其他人工环境[2]。从以上分析可以看出，人居环境与人的日常活动是紧密相关的，而日常活动与个人健康又有着密切的联系，所以，人居环境与个体的健康存在一定的关系。

(三)体力活动

体力活动于 1985 年被 Caspersen 等定义为"由于骨骼肌的活动所产生的任何

---

① 安光义.人居环境学[M].北京:机械工业出版社,1997.

② 张莹,陈亮,刘欣.体力活动相关环境对健康的影响[J].环境与健康杂志,2010(2):165-168.

消耗能量的身体动作"[1]。体力活动不仅包含健身锻炼等常见的组织化的活动形式,也包括日常生活中大量的非结构化的活动形式(如做家务、上下楼梯、购物等),主要包含持续时间、强度、频率和类型四个核心要素。

体力活动的强度不同,所获得的健康效益也不同,由此,可将体力活动强度分为基线体力活动(baseline physical activity)和健康促进体力活动(health-enhancing physical activity)。基线体力活动是指强度较低的体力活动,例如散步、下棋等活动;健康促进体力活动不仅强调通过体育锻炼和运动竞赛提高健康水平,还涉及步行、骑车、跳舞等安全风险较小、能够带来健康效益的日常体力活动行为。世界卫生组织(WHO)制定的全球体力活动指南中提及的体力活动通常指的是"促进健康的体力活动"这一能够带来明显健康效益的体力活动,按此理解,体力活动可以指"任何骨骼肌收缩引起的能量消耗高于其基础水平的身体活动"。

有关体力活动的分类方法较多,如WHO根据体力活动发生的时间和目的,将体力活动分为交通性体力活动、家务体力活动、职业性体力活动和休闲性体力活动四种类型[2];也可以根据研究需要,将体力活动分为户外体力活动和室内体力活动[3];根据强度不同可以将体力活动分为低强度体力活动(LPA)、中等强度体力活动(MPA)、高强度体力活动(VPA)和超大强度体力活动(VVPA)等。研究发现,体力活动有利于促进老年人的生活模式由静态的生活模式向积极的生活模式转变,提高老年人体力活动水平,进而促进健康老龄化目标的实现。当老年人的体力活动水平满足以下任一标准时可视为体力活动不足:①每周少于3d的VPA,或每次运动时间不足20min;②每周少于5d的MPA,或每次运动时间不足30min;③每周步行或进行中高强度体力活动(MVPA)的天数累计少于5d,或能量消耗累计不能达到600METs·min;④每天总步数少于7000步[4]。可见,体力活动对健康的影响主要取决于活动的强度、频率、时间和总量[5],研究中也常用以上指标来评估个体的体力活动。其中能够给人带来健康效益的体力活动强度是指中等强度以上的

---

① CASPERSEN C J,POWELL K E,CHRISTENSON G M. Physical activity,exercise,and physical fitness:definitions and distinctions for health-related research[J]. Public health reports,1985,100(2):126-131.

② GUILBERT J J. The world health report 2002—reducing risks,promoting healthy life[J]. Education for health,2003,16(2):230.

③ HERBOLSHEIMER F,MOSLER S,PETER P R. Relationship between social isolation and indoor and outdoor physical activity in community-dwelling older adults in Germany:Findings from the Acti FE Study[J]. Journal of aging and physical activity,2017,25(3):387-394.

④ 冯宁. 身体活动不足成年人体质健康综合评价体系研究[D]. 北京:北京体育大学,2015.

⑤ 吴士艳,张旭熙,杨帅帅,等. 北京市某近郊区居民身体活动情况及其影响因素[J]. 北京大学学报(医学版),2016,48(3):483-490.

体力活动[①]，且多数研究中常用 MVPA 这一指标对老年人的体力活动进行评估。因此，本书中的体力活动指老年人在户外（非室内）进行的身体活动，主要内容包括健身活动、步行、休闲活动等，根据活动频率、活动时间、总频次和 MVPA 这几项指标来衡量体力活动水平。

（四）老年人健康

世界卫生组织于 1948 年将健康界定为"健康不仅仅是无疾病或不虚弱，而是身体、心理和社会适应三方面的完好状态"。这个定义得到了学者们的共同认可。1987 年，John 等构建了生理、心理和社会三个层面的健康评价指标体系，并使其具有可操作性[②]。2000 年，世界卫生组织又提出新的健康观念，即"躯体健康、心理健康、社会适应能力良好和道德健康、生殖健康五个方面均处于完满状态，才是真正的健康"。但该概念并不适用于老年人，有相关研究显示，老年人普遍存在健康问题，如患有慢性疾病。因此，使用五维健康观评价老年人健康状况失之偏颇。Lawton 认为，老年人健康评价应包括疾病、自评健康等[③]。自评健康是受访者根据自己掌握的关于疾病的知识，综合以往的经历以及全身各个部位的感觉并传递到大脑皮层进行自主判断的复杂过程。自评健康不仅可以反映个体的健康状况，而且综合了主客观两方面的健康指标。当对老年人健康进行研究时，相对于个体客观身体状况，个体对健康的自我感知往往更有用。自评健康可以提供更多有价值的信息。

1982 年，中华医学会老年医学分会首次公布了《中国老年人健康标准》，并于 2013 年进行修订，将老年人健康界定为"生理上，增龄伴随的重要脏器未发现功能异常、与增龄相关的高危因素控制在达标范围、无重大疾病且具有一定的抵抗力；日常生活活动正常，能基本自理；体重适中。心理上，认知功能基本正常"。根据《中国老年人健康标准》，本书将老年人健康界定为"生理上无重大疾病，体重适中，心理上认知功能基本正常"。"生理上无重大疾病"根据患慢性病数量评估；"体重适中"根据体质指数（body mass index，BMI）进行评价；"心理上认知功能基本正常"利用认知量表评估；同时结合主观自我健康评价，评估老年人健康状况。另外，体力活动参与情况也能间接反映老年人健康状况。

---

① CASPERSEN C J, POWELL K E, CHRISTENSON G M. Physical activity, exercise, and physical fitness: Definitions and distinctions for health-related research[J]. Public health reports, 1985, 100(2):126-131.

② JOHN E. WARE J R. Standards for validating health measures: Definition and content [J]. Journal of chronic diseases, 1987, 40(6):473-480.

③ LAWTON M P. Investigating health and subjective well-being: Substantive challenges [J]. The international journal of aging and human development, 1984, 19(2):157-166.

(五)健康导向型人居环境

"导向"是指某种价值观的体现[①]。"健康导向"理念源于"目标导向理论",是激励理论的一种,它是在"目标导向理论"的基础上植入健康的理念之后衍生出的概念。"目标导向"即以特定的目标作为行为的终点,以实现目标为主要意图。主要体现"人的选择"与"设定特定目标"的行为称为"目标行为"。"目标导向理论"认为要实现任何一个目标必须经过目标行为,而要进入目标行为又必须先经过目标导向行为。"健康导向"体现了人们追求健康的主观意识,将健康生活方式设定为目标,通过健康导向行为来促进健康目标的实现。换言之,"健康导向"以公众的健康需求为基础,能作为居民养成健康生活方式的诱因,并能起到引导健康行为的产生和持续进行的作用,其核心目标就是使人们通过健康的行为引导养成健康的生活方式,并使之成为习惯。

健康导向的人居环境是"健康城市"概念对城市的存在和发展发出的新呼唤。在当前"健康中国"建设中,有必要以健康为价值导向来进行人居环境的设计与规划。据此,本书将"健康导向型人居环境"界定如下:健康导向型人居环境是以人、自然环境、交通环境、人文环境、休闲环境等为主要构成要素所形成的一个完整系统,具有健康促进作用的人居环境属性。也就是说,健康导向型人居环境是能支持人们进行各种活动的宜居环境,有助于人们养成健康生活方式和提升生活归属感,是能满足居民各种环境需求并能提高生活质量的活动空间。

健康导向型人居环境规划与设计会在很大程度上促进人的身心健康,使城市空间充满活力。美国城市规划专家凯文·林奇认为,聚居形态的产生是人的价值取向的结果,不同的价值观将设计和建造出不同的城市空间形态[②]。以引导人的健康行为为目标的人居环境要素的构建具有其独特的规划方法。

二、理论基础

(一)人居环境科学理论

由希腊建筑规划学家道萨迪亚斯提出的人类聚居学是"探索和研究人类因生产、生活和聚集的需要而构筑的建筑结构物与空间环境的自身科学规律及外界自然生态环境之间的协调关系的科学"[③]。自道萨迪亚斯提出人类聚居学后,该学科

---

① 白皓文.健康导向下城市住区空间构成及营造策略研究[D].哈尔滨:哈尔滨工业大学,2010.

② 董晶晶.论健康导向型的城市空间构成[J].现代城市研究,2009,24(10):77-84.

③ 那向谦.国家自然科学基金与人聚环境学的研究[J].建筑学报,1995(3):7-8.

不断发展,在大量西方学者的共同努力下,人类聚居学逐步发展为人居环境科学。它与人类聚居学一脉相承,研究范围小到村庄,大到城市群,从不同层次来探讨整个人类的人居环境,而非讨论某一个单独的聚落问题。

人居环境科学是研究人类因各种生活活动需要而利用、改造、构筑空间场所的学问[1],它还是一门综合性的学科,是探索包括乡村、集镇、城市等多种尺度空间下的人类聚居活动,将其与人类赖以生存的自然环境相联系,并加以研究的科学和艺术。人居环境科学是建立在建筑学、城市规划学、景观建筑学等学科领域之上的综合性的学科,是研究领域容量规模巨大、层次多元而丰富的综合学科系统。

20世纪90年代,吴良镛院士从我国的国情出发,综合道萨迪亚斯等先驱者的研究,建立了我国的人居环境科学(The Sciences of Human Settlements)。2001年,《人居环境科学导论》出版,正式奠定了我国人居环境科学研究的学科体系与理论基础。吴良镛院士提出的人居环境科学是一门以人类多种聚居形式(包括乡村、集镇、城市等)为研究对象,探讨人与环境之间相互作用关系的学科,它更强调把人类聚居所涉及的多种元素作为一个整体,从多角度、多方面来进行研究,而不像以往的城市规划学、地理学、社会学那样,只涉及人居环境的某一部分或某个侧面。吴良镛院士认为,新形势下人居环境科学发展应具有七大趋势:①以人为本和关注民生;②对空间战略规划的重新审视与重视;③发扬生态文明,推进人居环境的绿色革命;④统筹城乡发展,完善我国城镇化进程;⑤吸收中西文化,创造符合国情的"第三体系";⑥重视人居环境教育;⑦美好环境与和谐社会共同缔造。

建筑学是人居环境科学体系的起点,随着时间的推移,规划学、园林学、地理学、技术科学不断地加入,多学科的融入使人居环境研究日益丰富。人居环境科学研究的目的是了解、掌握人类聚居发展演变的规律特征,找出其内在的形成机制与主要矛盾,以便更好地建设理想舒适的人类生活环境[2]。

(二)环境行为学理论

人在一定的空间状态下,与环境交互过程中所触发的心理活动,其外在表现称为环境行为[3]。环境行为学是一门研究人类行为产生的根本原因和规律的学科,着重研究人的行为与人行为所处的物质社会环境及其相互关系[4]。环境行为学研究涉及范围广泛,涵盖生理学、心理学、社会学等。学者Moore认为,环境行为学

---

[1]　刘瑶. 当代人居环境发展趋势[J]. 文艺生活·文海艺苑,2014(4):199.

[2]　单顶山. 沿淮地区人居环境历史变迁及发展研究[D].南京:东南大学,2009.

[3]　姜世汉. 基于环境行为学的城市商业中心区公共空间研究[D].邯郸:河北工程大学,2010.

[4]　林玉莲,胡正凡.环境心理学[M].北京:中国建筑工业出版社,2000.

的研究目的是："发现决定客观物质环境性质的重要因素有哪些,并从中探索出这些因素对人的生活品质产生的影响,通过多学科交叉研究的方法和手段分析并得出结果,后将其结合进现实中,来提升人们的生活品质。"①

依据环境行为学理论,生存环境的变化是由于人类在生产生活过程中不断尝试利用自然、改造自然,通过打破原有自然环境的方式建立起符合人类所需的新环境,并最终实现人与环境之间新的平衡;同时,人的行为是在人的经验意识指导下做出的,而物质环境空间则决定着人的行为意识。环境行为学重视环境与人的外在行为之间的相互关系与作用,对于研究人的行为具有较强的适用性。这种理论也运用心理学的一些基本理论和方法来研究人在城市中的活动以及人对城市环境做出的反应,这促使人类适应、改造或创造新的环境,并将此反馈到规划设计中,以改善人类的生存环境②。

环境行为学理论从 20 世纪 70 年代在全球范围内得到学术认同并逐渐发展以来,在方方面面指导着人们的活动。环境行为学涉及社会、文化、心理等不同领域人与环境关系的研究,以此探寻人与环境的辩证统一关系,提高人们的生活质量。环境行为学认为人、环境和文化之间的关系是相互影响和渗透的。行为是人的内在需求与环境共同作用的结果,即人类行为会受到环境的影响并可以能动地接受环境的影响,同时人也会通过行为来改变环境以满足自身需求。环境行为学从人的心理和行为的需求出发,探究人和环境间关系,以此来探讨外部物质环境因素。环境行为学不仅通过探讨人的行为方式更好地引导外界环境的发展,而且,通过此方法而创建的各种功能活动空间,有利于引导人们产生正确的行为。因此,作为具有多学科综合性的环境行为学,研究的是人的行为和外界环境的关系,对于城市的规划设计和建设具有深远的意义。

体力活动行为是人们日常生活中必不可少的行为。一方面,体力活动行为是居民为满足某一特定需求,基于自身动机做出的反应;另一方面,居民的体力活动行为受到人居环境的影响,在实际实现体力活动目标的过程中,外在人居环境对体力活动行为会产生积极或消极的刺激作用。因此,通过环境行为学理论,分析居民体力活动行为与人居环境之间的关系,以及居民在住区环境中进行的体力活动行为特征等,对于健康导向型人居环境的规划建设是非常有必要的。

(三)环境心理学理论

环境心理学是一门源于社会心理学的心理学学科,以建筑学、风景园林学、城

---

① MOORE G T. Environmental Design Research Directions: Process and Prospects[M]. New York: Praeger Publishers, 1985.

② 李道曾. 环境行为学概论[M]. 北京:清华大学出版社,1999.

乡规划学等相关学科为研究基础。日本心理学家相马一郎等指出，环境心理学"以人的行为作为主要研究对象，从心理学的角度探索符合人们心理的环境"①，这一观点是环境心理学研究的主题。因此，环境心理学是研究人的行为和经验与人工和自然环境之间关系的系统学科②。人类在有意或无意改造环境的同时，也受到环境变化的影响，因此在任何场合下，人与环境之间都存在相互作用。环境心理学认为，人与环境的相互作用体现在人对环境的需求及环境被人们感知两个方面。其中，环境知觉比环境感觉更为复杂，反映人们在受到日常生活中复杂环境的刺激后，作为回应，对复杂信息进行加工、整合和释义的过程。

在环境心理学中，环境知觉属于主观感知，包含对研究环境及其所含要素的评估。感知中的评价性想法及理念决定了人们对所处环境持有的态度。保罗·贝尔指出，环境知觉的过程也包含了人类自身的活动，例如对环境抱有的期望、从环境中获得的体会、了解环境的价值和计划改变环境的目标等，环境能为我们的活动提供信息。其中一部分活动的目的在于通过探索环境以实现自我定位，另一部分则是期望通过制订计划，利用环境来满足自我需求和实现目标③。因此，为能够获取真实、可靠的环境知觉数据，多数研究者从对个体经验的主观评述（现象学）转向观察个体外部的客观行为（实证主义）。考虑到行为可能受到不同环境的刺激影响，保罗·贝尔等人提出了关于环境与行为之间关系的整合方案。

美国心理学家克拉克·赫尔试图通过内驱力理论来解释环境对行为发生的影响机制，提出使人产生行为的反应潜能（sER）与内驱力（D）、诱因（K）和强度（sHR）关系密切，并应用公式"$sER = D \times K \times sHR$"表示相互之间的关系。其中，内驱力（D）指使人产生某种行为的内在动机和需求，诱因（K）指外在环境，强度（sHR）则指行为发生次数的增加。内驱力理论认为，人人都会有需求和动机，而人们行为的产生，归根究底是因为这种行为能满足人们的需求。外在环境是人们各种行为产生的刺激因素，而这种刺激通过人的主观意识起作用，可见主观意识感知的重要性。当人们产生某种需求或动机时，若意识到外在环境能够为产生这种行为提供机会，人们就会克服阻碍从而促使行为产生。

根据环境心理学，居民体力活动行为与人居环境的交互关系，体现在居民对人居环境的需求，以及人居环境被居民感知两方面。外在的人居环境是居民产生休

① 相马一郎，佐古顺彦．环境心理学［M］．周畅，李曼曼，译．北京：中国建筑工业出版社，1986．

② 周志田，王海燕，杨多贵．中国适宜人居城市研究与评价［J］．中国人口·资源与环境，2004,14(1):27-30．

③ 贝尔，格林，费希尔，等．环境心理学［M］.朱建军，吴建平，等译.北京：中国人民大学出版社，2009．

闲性体力活动和交通性体力活动行为的主要诱因,而外在人居环境的影响,只有通过居民的主观感知才能起作用,这足以见得精神需求维度下居民感知的重要性。当居民产生体力活动行为的需求,并且意识到外在的人居环境能提供和支持其行为的机会和需求时,就能促使体力活动行为的产生。

(四)社会生态学理论

生态学是 1866 年由德国生物学家恩斯特·海克尔提出并定义的,其主要研究生物和环境的关系。环境是生物体外的一切因素,包括物质环境和社会环境。社会生态学是生态学的分支,是在人与自然相互作用的基础上把生态和社会问题结合起来进行综合研究,研究人类社会发展如何与自然生态环境相协调的科学。1936 年,卢因(Lewin)最早提出了社会生态学模型的理念雏形,描述外部环境对人的影响。20 世纪 60 年代末,美国生物学家默里·布克金正式提出社会生态学的概念。接着,不少学者经过长期社会实践发展了社会生态学模型,探索了环境与个体行为的关系,为后续研究奠定了基础。

社会生态学模型主要内容:①自然环境是人类发展的主要源泉,强调人与生活环境相互作用的重要性。人是不断成长、积极主动地参与社会活动的主体,环境是人生活的客体,人在不断发展的过程中,环境也在不断地变化,并时刻影响人的发展。因此,人与环境之间需要不断适应。②环境与人相结合,行为是人与环境的复合函数,即 $B=f(P,E)$,其中,B 代表行为,P 代表人,E 代表环境。同时,发展也是人与环境的复合函数,即 $D=f(P,E)$,其中,D 代表发展,P 代表人,E 代表环境。行为与发展的关系不是人与环境的简单相加,两者间存在"交互作用"。③布朗芬布伦纳将家庭、经济、文化、社会以及政治等所有环境因素都视为人发展过程中的一部分,提出"过程—人—环境"模型,强调将个体的发展嵌套于相互影响的环境系统之中。其中,"过程"指事物发展所经过的阶段,即人与环境相互作用的阶段,在人的发展过程中起重要作用;"人"在马克思主义的定义中同时具备社会属性和生物属性,人的本质是各种社会关系的总和;"环境"是动态的嵌套结构,由四个层次的系统组成:一是微观系统,是个体生活的直接环境,比如家庭中父母与子女的直接交往、社区建成环境、个体能直接接触的环境都属于微观系统;二是中间系统,微观系统之间的联系或相互作用就是中间系统,比如家庭与社区建成环境之间的关系;三是外层系统,指那些个体并没有直接参与,但能对个体的发展产生作用的系统,如城市规划政策、健康政策等;四是宏观系统是影响个体的思想和行为的社会文化价值系统,是个体发展的整个生态系统中广阔的意识形态。总之,社会生态学模型提供了研究框架,阐明了个人与环境的相互作用对行为选择的影响。

社会生态系统理论便是源自布朗芬布伦纳的生态系统理论,强调人行为影响因素的环境多样性,多被体力活动与健康促进领域应用。基于社会生态理论,其基本观点是:人的健康行为受到个体内在(心理、生物和情感)、人际(社会支持和文化)、实体环境(体育锻炼设施、空间景观)和政策等因素的影响,当这些因素同时交互作用时,干预的效果最优。社会生态系统理论使得影响人们体力活动行为的复杂环境因素变得十分清晰。依据其基本观点,正确合理的政策支持和科学舒适的实体环境会使个体的行为模式发生改变,为了健康,个体会做出一定的行为选择,由此其体力活动增加。反之,如果政策的制定不合理,城市实体环境规划不科学,未考虑影响人们健康行为的某些因素,那么即使人们有良好的健康意识,其日常体力活动需求量也无法得到满足。

(五)马克思需求理论

马克思批驳了旧唯物主义否定个体、否定实践的错误需求理论,提出应从客观的现实出发,关注人的实际需求。马克思需求理论提出,人的需求即是人的本性。马克思坚持唯物主义观点,在社会实践的基础上详细阐述人类的需求问题,形成了系统的理论体系。物质需求是人类最为重要的生存需求,物质需求的满足程度决定着社会需求程度,进而影响精神需求的满足程度,最终决定人的发展和解放程度。马克思需求理论主要包含以下几方面的内容。

(1)人的需求具有层次性。马克思认为,人的需求包含生存需求、享受需求和发展需求三个层次,其中生存需求是最基本的需求,发展需求是最高层次的需求。马克思认为,人的三个层次的需求同时存在,每个层次的需求程度有所不同,人并不是在完全满足某种需求后才会产生其他需求,新需求的出现并不意味着其他需求的消失,而是更强烈需求的更替。不同时期,同时存在的各种各样的需求对人的行为发挥着不同的支配作用,在众多需求中发挥最大支配作用的是处于优势地位的需求。优势需求的更迭并不是需求的简单重复,在一定程度上是人类社会发展历程中出现更新、更进步的内容的表现,不断更新的需求推动了人的不断进步。

(2)物质需求是人的根本需求。物质是人类得以存活的前提。马克思反驳了认为人是抽象存在的传统观点,认为人是现实世界里的客观存在。人在现实世界中生存需要依靠物质资料的生产,进一步而言,人只有创造能够满足其自然需求的物质财富,才能够不断繁衍生息,进而在其他方面产生更高层次的需求。

(3)精神需求是人的高层次需求。人自发地将自己的本质力量按照美的原则外化和对象化在产品中,这种对象化活动是按照美的精神进行的,体现着人的精神品质,换句话说,美涉及人对自由本质的追求。人类对"完美自我"的期待、对意义世界的依赖、对生命意义的追寻,远远超过了对物质的单纯追求。同时,马克思认为对美的精神需求是人的本质力量的需求,只有人才会产生精神需求,且在不同的时代对精神需求的内容、形式、程度也不同,这受生产力发展水平的影响,并随着时代的进步而发展。

马克思需求理论为本书提供了基础理论支撑。马克思立足整个人类社会对需求进行研究,将全人类作为研究对象,并且从人类整体出发进而演绎出个体的需求。马克思主义需求理论的核心是"人",而人的需求即人的本性。党的十九大明确指出,新时代重要的任务是不断满足人民日益增长的"美好生活需要",这是马克思需求理论在新时代中国的重大发展,体现了"以人民为中心"的思想,坚定了"以人为本"的价值根基。需求与主体是浑然一体的,离开了主体就谈不上需求。住区是构筑城市的基本单元,既是人民生活的起点也是终点,居民是住区生活的主体,健康人居环境的建设也应以居民的需求为出发点。

根据马克思需求理论,人的需求具有多层次性,包括生存需求、享受需求、发展需求,居民对健康人居环境的需求应当是三种需求兼而有之,并且,居民的内心实际认可度是衡量健康人居环境价值的标准。同时需注意的是,每个人都是独立的个体,不同居民群体有不同审美意识和价值取向,面对不同群体的需求,城市人居环境应有不同的改善重点,这也塑造了城市的多样性与独特性。探寻不同居民群体的实际需要,才能满足居民多元需求,真正提高居民发自内心的满足感。物质需求和精神需求相辅相成,互为依存。人的物质需求的满足是精神需求发展变化的基础,人的精神需求的满足又会促进人的物质需求的发展变化。因此,构建以健康为导向的人居环境首先将从满足最低级空间物质需求出发,如居民从出发点到目的地能便利到达;再到满足最高级空间精神需求,如居民在活动过程中获得了社会认同感和审美愉悦感。

(六)马斯洛需求层次理论

亚伯拉罕·马斯洛是美国著名心理学家,人本主义心理学的创始人,被誉为"人本主义心理学之父",主张"以人为中心的"心理学研究。在马克思需求理论问世百年之后,马斯洛进一步对人的需求进行了系统而专业的研究。从1943年《人的动机理论》出版到1954年《动机与人格》的问世,马斯洛完成了其对需求层次理论(Maslow's hierarchy of needs)的构建(图2-1),提出人类需求普遍存在五个层次,并于1976年将自我实现需求层级拓展为知识、美和自我实现,最终形成七个需求层次。

传统五个层次的需求层级既体现出需求作为一种"动机"出现的顺序,也呈现出人类从生物性到社会性的需求等级序列。一方面,从需求"动机"的产生顺序来说,需求遵循着由生理需求向自我实现需求升级的序列。另一方面,在各需求层次之间又存在从低级需求向高级需求的衍生,其中生理需求和安全需求属于人的初

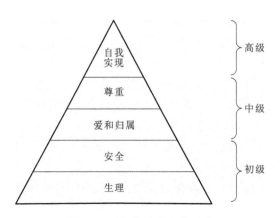

图 2-1　马斯洛需求层次理论

级需求,爱和归属需求以及尊重需求属于中级需求,自我实现需求则为最高等级的需求;而在七个需求层次的划分标准中,低级和中级需求层次被共同理解为基本需求,美、知识、自我实现则被视为成长需求。在需求层次的顺序性和等级性特征基础上,需求层次理论认为,"只有当低等级需求获得满足后,才会按顺序产生较高层次的需求"。

在各需求层次中,生理需求(physiological needs)是由人的生存本能决定的,如对呼吸、食物、水源的需求等都是最基本的需求;安全需求(safety needs)是基于生理需求产生的对自身和外部安全的需求,包括对个人健康安全、外部环境安全等的诉求,与生理需求同属于生存性需求;爱和归属需求(love and belonging needs)是基于生存性需求产生的情感性需求,包括对社会关系、血缘关系的认同与接纳;尊重需求(esteem needs)是更高层次的精神需求,是人作为独立的社会角色,对自尊、声望以及社会地位等的需求;自我实现需求(self-actualization needs)是最高层次的需求,它是人被赋予了社会角色后,由人的能动性决定并产生的一种衍生性需求,如发挥潜能与实现自我价值等。

马斯洛提出的需求层次理论,可为健康人居环境需求理论提供借鉴和指导。马斯洛的需求层次理论重视人性的研究,实现了"以人为中心"的问题研究,是心理学史上的一大进步。马斯洛从个体出发,得出个体"人"的需求,并在此基础上演绎出"人类"的需求。健康人居环境需求的产生,首先是源于作为个体的"人"在生理体能允许范围内,达到从起始点到目的地的出行目的,这是从生理需求转向对物质环境的初级需求。同样受生理需求诱发并由动机支配的体力活动行为选择符合"最小原则",即对活动路径便捷性的需求。对居民而言,人居环境安全需求主要是保障身体不受伤害。这些基本初级需求通过外部条件就可以得到满足,当这些需求都被满足后则会转向中高级需求,如在体力活动过程中衍生出的社会交往、环境审美等中高级精神层面的需求。

值得注意的是,健康人居环境的精神需求(社交需求及审美需求)并不是人们对于活动路径可达性及安全性需求得到了满足后才出现的,或者说我们产生环境审美需求并非因为活动路径可达性及安全性需求得到了完全满足,各不同层次的需求是同时存在的。因此,仅用单一特征因素通常不能全面反映健康人居环境的实际情况,采用物质与精神需求维度下主客观因素相结合的方式来评价人居环境是十分有必要的,既要重视高层级精神需求中主观感受的丰富性和细致性,也要考虑初级需求中客观物质测度结果的系统性和全面性。人作为环境中的主要角色,应当有个适宜的环境空间载体。因此,城市的空间环境对城市居民来说是至关重要的。而要处理好环境与人之间的关系,以人的心理、行为需求研究为出发点是个良好的途径。

第二节　国内外文献综述

一、健康城市发展历程与建设研究

(一)国外健康城市发展历程与建设研究

1.“健康城市”概念的提出

“健康城市”一词最早见于 1984 年在加拿大举办的“2000 年健康多伦多”国际会议中的一篇题为《健康城市》的论文。该论文首次突破了以往传统的健康、医疗救助等概念的内涵,提出“人民居住在健康的城市时,应该享受与自然的环境、和谐的社区相适应的生活方式”[①]。1986 年,汉考克和迪阿尔在哥本哈根市召开的健康城市项目会议上,在其题为《在城市地区促进健康》(“Promoting Health in the Urban Context”)的论文中指出,“健康城市是指一个不断创新和改善自然环境和社会环境、不断扩大社区资源,人们在表现生命的所有功能和发挥自己最大潜能时相互支持的城市”[②]。他们认为促进健康行动的过程和结果同样重要,并将健康城市定义为“一个有连续性、创造性的,经常改良该市的生活和社会环境的城市,并扩展社会资源,使市民能够互相支持日常的一切生活运作并协助他们使他们的潜能能够发挥到最高点”。1994 年,WHO 将健康城市定义为“一个不断开发和改善自然环境和社会环境,并不断扩展社会资源,使人们在享受生命和充分发挥潜能方面能

---

① 周向红.加拿大健康城市实践及其启示[J].公共管理学报,2006(3):68-73,111.

② 陈少贤.健康城市理论及在中国的实践(一)[J].国际医药卫生导报,2000(6):42.

够互相支持的城市"①。

在交通拥挤、住房紧张、生态环境恶劣等社会问题和生态问题层出不穷的背景下，健康城市概念的提出为城市规划和设计的相关专业人员指明了方向，即城市的发展不能以牺牲生态环境、人类健康和社会文明为代价，并提出了相应的 10 项标准，其涉及政治、经济、社会、生态环境、医疗卫生、社区生活及个人行为等方面，同时，将健康视角从关注个体的身心健康提高到关注整个城市和整个社会生态系统健康的高度。

关于健康城市，历史上许多专家学者都提出过设想，如英国社会活动家霍华德在 1898 年提出"田园城市"的设想，建筑大师勒•柯布西耶在 1930 年布鲁塞尔展出的"光明城"规划中提出了"绿色城市"的理念。具有关联性的可持续城市、生态城市、宜居城市等观点和理念被相继提出，分别从自然生态和人文社会的角度指出：针对以汽车为主要交通工具的城市发展趋势，有必要且必须还原人在城市中的地位。在这些观点中，合理的空间形态、建筑密度、交通组织、能源利用等理念也有提及。

2. 健康城市的发展历程

（1）萌芽阶段——城市环境恶化。19 世纪，随着工业革命和城市化进程的加快，各种城市问题接踵而至，人们的健康状况受到极大的挑战。交通拥堵、空气污染、小汽车数量的急剧增加以及人口膨胀使得公共卫生状况不断恶化，居民健康水平不断下降。面对严峻的公共卫生形势，各国政府开始重视城市环境卫生的治理和城市基础设施的完善。

（2）雏形阶段——新公共健康阶段。在 1984 年的"2000 年健康多伦多"会议上，"健康城市"概念被首次提及。会议指出，要在综合多部门和多学科的基础上，解决城市公共健康问题。1986 年，《渥太华宪章》提出了健康促进五大原则，进一步明确了健康城市建设的奋斗方向。同年，"健康城市项目"启动，这标志着健康城市运动真正拉开大幕，该项目的启动体现了健康城市理论研究向实践应用的转化。此阶段，改善公共健康状况的政策重心从医疗卫生领域转到城市空间领域，被称为"新公共健康阶段"。

（3）成熟阶段。1998 年"健康城市国际会议"的召开标志着健康城市运动已成为全球性运动。在世界范围内，健康城市建设从此进入高潮期。WHO 在 2013 年第八届全球健康促进大会上把"将健康融入所有政策"（Health in All Policies, HiAP）作为大会主题，将 HiAP 定义为以改善人群健康和促进健康公平的政策，全

---

① World Health Organization. Constitution of the World Health Organization[C]//WHO Basic Documents, 40th ed. Geneva: World Health Organization, 1994.

面系统地考量这些公共政策可能带来的健康影响,并呼吁部门合作,形成资源共享的"健康城市联盟"(Alliance for Healthy Cities)。2019年,WHO对推进健康城市建设提出了三个目标:①促进人人享有健康和福祉,减少健康不平等现象;②在全球推进健康政策的实施;③支持WHO战略政策的优先实施。在此阶段,世界各国对健康城市的研究已经从最初的理论借鉴阶段发展到根据各自国情提出适合自身发展策略的成熟阶段。

3. 健康城市的建设研究

国外许多高校在政府的支持下进行了大量与健康城市规划相关的研究,例如1998年美国佐治亚理工学院开展的亚特兰大城市交通和空气状况相关研究,通过对市民健康水平和城市道路状况进行综合分析,提出改良城市道路网的建议,从而促进了公共健康[①];2001年由美国加利福尼亚圣地亚哥分校带领的活力生活研究团队,通过分析建成环境与市民活动间的关系,为相关政策的出台提供了理论依据。

国外的健康住区的实践一般与健康城市的实践相对应,比较有代表性的是丹麦哥本哈根的Valby社区。1989年,该社区通过开展健康社区活动来解决当地的健康问题。加拿大的健康住区发展具有较长的历史,在20世纪90年代形成了较为有名的"加拿大社区健康运动",其健康住区的建设强调住区居民的主观能动性,除了必要的健康活动设施的布置,还强调对居民的健康教育,时刻提醒人们注意健康和养成健康的生活方式。美国的"设计下的积极生活"(Active Living by Design)计划期望通过设计促进健康计划,把体力活动整合到日常生活中。英国、澳大利亚等国家的健康城市建设也取得了一定的成绩。澳大利亚伊拉瓦拉地区的健康城市建设具有一定的代表性,其健康塑造以"健康邻居"为主题,强调从居民最根本的利益出发。

还有部分学者分析了公共健康对城市规划的重要意义,例如学者Hofstad[②]认为未来健康会受到越来越多的关注,同时提出了将健康融入城市规划设计过程的相关措施;Forsyth等[③]认为健康影响评估是城市规划领域的重要一环,应将其纳入城市规划相关工作中。部分学者对较早开始健康城市规划实践的城市进行了经

---

① The University of British Columbia. SMARTRAQ[EB/OL]. http://atl. sites. olt. ubc. ca/research/smartraq/.

② HOFSTAD H. Healthy urban planning:Ambitions,practices and prospects in a Norwegian context[J]. Planning theory & practice,2011,12(3):387-406.

③ FORSYTH A,SLOTTERBACK C S,KRIZEK K. Health impact assessment(HIA) for planners:What tools are useful? [J]. Journal of planning literature,2010,24(3):231-245.

验总结,例如学者 Macfarlane 等[1]对最早参与健康城市项目的加拿大多伦多的健康城市规划进行了经验总结,对其多项关于促进健康城市规划的政策进行了梳理;Grant[2]对欧洲健康城市进展进行了调查,对各国健康城市规划的相关成果进行了详细分析,为其他城市的建设提供参考。除此之外,还有大量研究聚焦在如何通过城市规划提高公共健康水平方面,如 2016 年国际著名医学期刊《柳叶刀》推出"城市设计、交通与人群健康"等专题,探讨城市规划对居民健康福祉的影响。除了理论层面的研究,已有多个城市推出城市设计相关导则,从实践层面出发对城市规划提出指导建议,例如纽约市政府出台的《纽约城市公共健康空间设计导则》,分别从城市设计和建筑设计层面提出了 151 条促进公共健康的优化策略。英国、印度和阿联酋的阿布扎比酋长国等地也出台了符合各自实际的城市设计导则。

(二)国内健康城市发展历程与建设研究

1.健康城市的发展历程

我国健康城市的建设主要经历了项目试点、探索发展和全面发展三个阶段。

(1)项目试点阶段(1989—2002 年)。1989 年,创建国家卫生城市活动为健康城市的发展奠定了基础,我国也从此开始了关于健康城市的相关研究。1994 年,WHO 与卫生部展开合作,在北京市东城区、上海市嘉定区启动健康城市试点项目,这标志着我国正式成为健康城市运动中的一员。

(2)探索发展阶段(2003—2014 年)。2003 年"非典"过后,公共健康问题受到了高度重视,我国健康城市建设也随之拉开大幕。2007 年,全国爱国卫生运动委员会办公室(以下简称"全国爱卫办")在全国范围内启动建设健康城市活动,并确定上海市、杭州市等 10 个市(区、镇)为全国第一批建设健康城市试点,我国健康城市建设开启新的篇章。

(3)全面发展阶段(2015 年至今)。2015 年,"健康中国"行动成为国家发展战略。2016 年 10 月,中共中央、国务院印发《"健康中国 2030"规划纲要》,为未来 10 年健康城市建设指明了方向。2016 年 11 月,在浙江省杭州市召开的"全国健康城市健康村镇座谈会暨健康城市试点启动会"上,全国爱卫办宣布了首批 38 个全国健康城市试点市的名单,我国健康城市建设迈入全面发展阶段。

---

① MACFARLANE R G,WOOD L P,CAMPBELL M E. Healthy Toronto by design:Promoting a healthier built environment[J]. Canadian journal of public health,2015,106(suppl 1):5-8.

② GRANT M. European healthy city network Phase V:Patterns emerging for healthy uban planning[J]. Health promotion international,2015,30(suppl 1):54-70.

2.健康城市的建设研究

在健康城市规划研究方面,相关学者重点探讨了城市规划与健康城市理念结合的趋势和路径。其中,陈柳钦[①]从健康的内涵着手,通过分析健康城市的内涵、基本特征、健康城市的标准和指标体系,提出了健康城市向和谐社会发展的趋势、健康城市向健康安全城市发展的趋势、健康城市公共政策的制定将更多地遵循"循证"理念的趋势和健康管理日益成为建设健康城市重要基石的趋势。单卓然等[②]通过分析健康城市系统的组成与结构关系,明确了健康城市具有保障和促进双重属性,并基于其双重属性建立了健康城市共识性分析框架。王兰和凯瑟琳·罗斯[③]通过整理国内外相关文献资料,分析了健康城市相关的研究和实践发展的现状,提出了健康城市规划与评估的要素与路径,并指出如何将空间要素对健康的影响系统、综合、可行地纳入规划设计中是值得深入探讨的方向。

基于健康城市理念的空间设计研究在"非典"之后出现,研究对象分为居住空间环境、街道空间、公园绿地、城市肌理等,研究重点是提出相应空间设计策略以发挥建成环境对健康的促进作用。例如孙佩锦[④]解析建成环境与交通性步行以及情感因素之间的关系,提出促进积极生活的住区环境设计方法;徐勇等[⑤]研究体育公园的规划特征及使用影响因素,基于研究结果提出建设促进健康的城市公园环境策略;李瑨婧[⑥]针对景观建设中不利于健康的方面,从城市、场所、设施视角分别提出健康景观的设计方法。方圆[⑦]通过对哈尔滨的实地调研,提出住区微空间的营造原则,同时分别从物质空间、人文环境、营造保障等三个方面提出了既有住区微空间的营造策略。

对国内外健康城市理论和实践经验进行总结方面的研究,主要集中在对加拿大、欧洲等健康城市发展较好的区域。除此之外,国内学者还从公共政策、经济学等视角对健康城市进行研究。总的来说,此方面研究可以分为健康城市空间设计

---

① 陈柳钦.健康城市建设及其发展趋势[J].中国市场,2010,592(33):50-63.

② 单卓然,张衔春,黄亚平.健康城市系统双重属性:保障性与促进性[J].规划师,2012,28(4):14-18.

③ 王兰,凯瑟琳·罗斯.健康城市规划与评估:兴起与趋势[J].国际城市规划,2016,31(4):1-3.

④ 孙佩锦.促进积极生活的住区环境优化研究[D].大连:大连理工大学,2017.

⑤ 徐勇,张亚平,王伟娜,等.健康城市视角下的体育公园规划特征及使用影响因素研究[J].中国园林,2018,34(5):71-75.

⑥ 李瑨婧.健康景观的衍变及其发展研究[D].西安:西安建筑科技大学,2018.

⑦ 方圆.基于健康促进的既有住区微空间营造策略研究[D].哈尔滨:哈尔滨工业大学,2018.

导则和公共空间设计两个角度。如学者周向红[①]最先梳理了各国学者对城市健康可持续发展的研究,包括经济学、社会学管理学等领域的。接着对加拿大的健康城市运动进行深入剖析,重点介绍多伦多健康住宅等案例,为我国的具体实践提供了借鉴。后又分别从导则涵盖的健康问题与理论突破、健康城市设计与建筑设计策略等三个方面分析《纽约城市公共健康空间设计导则》,并提出对北京的启示[②]。

李煜和朱文一[③]详细剖析了美国纽约市政府制定的《纽约城市公共健康空间设计导则》;张雅兰、王兰[④]基于美国纽约和洛杉矶促进健康的空间设计导则,探讨如何将健康相关的规划要素和指标纳入我国城市规划设计导则;武占云和单菁菁[⑤]从发展理念、组织架构、参与主体和实施策略等方面对健康城市的未来发展进行趋势分析。张晓亮[⑥]研究了生态学与健康城市规划相关理论,试图从生态学的视角构建健康城市研究框架。孙佩锦等[⑦]通过分析各国各尺度的城市设计导则,总结了健康城市设计策略。郭湘闽、王冬雪[⑧]分析了加拿大健康城市理念下的慢行环境营建类型,包括分层次立体慢行街区、人性化慢行设施、慢行与捷运系统无缝对接、特色生态环境。

二、人居环境与健康关系研究

(一)国外人居环境与健康关系的研究

人们很早就意识到环境与健康之间存在紧密联系。目前,国外人居环境与健康的关系研究已形成涵盖城市规划、地理学、健康科学、行为科学、交通运输、政策研究等领域的全面分析框架。政府鼓励公共卫生和规划的专业人员将人居环境视为健康的一个重要决定因素,其也在改善人居环境方面发挥了重要作用。

① 周向红.加拿大健康城市经验与教训研究[J].城市规划,2007(9):64-70.
② 周向红.欧洲健康城市项目的发展脉络与基本规则论略[J].国际城市规划,2007(4):65-70.
③ 李煜,朱文一.纽约城市公共健康空间设计导则及其对北京的启示[J].世界建筑,2013(9):130-133.
④ 张雅兰,王兰.健康导向的规划设计导则探索:基于纽约和洛杉矶的经验[J].南方建筑,2017(4):15-22.
⑤ 武占云,单菁菁.健康城市的国际实践及发展趋势[J].城市观察,2017(6):138-148.
⑥ 张晓亮.生态学视角下健康城市规划理论框架的构建[J].居舍,2018(35):158.
⑦ 孙佩锦,陆伟,刘涟涟.促进积极生活的城市设计导则:欧美国家经验[J].国际城市规划,2019,34(6):86-91.
⑧ 郭湘闽,王冬雪.健康城市视角下加拿大慢行环境营建的解读[J].国际城市规划,2013,28(5):53-57.

1. 研究现状

国外较早就开始研究人居环境对人类健康的影响,后来逐渐出现一些理论支撑,如城市规划学科,同时建立起一些理论模型。早期的研究主要围绕人居环境中的建成环境,聚焦于建成环境与体力活动的关系、建成环境与肥胖的关系、建成环境对患病风险的影响,以及建成环境对老年人心理健康的影响,主要以定性研究为主,部分学者已经开始关注建成环境对健康的影响,随着建成环境测量方法的不断完善,该方面的文章也逐渐增多。

自 2010 年,建成环境、住区心理环境和社会环境与健康的研究逐渐显现出重要的地位,研究主要集中于以下几个方面。

(1)土地利用方面。此方面的研究主要考察人口密度、土地利用混合度等要素与体力活动的关系。多数研究发现,社区人口密度可能与居民步行和骑自行车的总量呈正相关[1];不过也有部分研究表示,两者不存在相关性[2]。来自荷兰的一项研究表明,在人口数多于 5 万人的城镇,人们使用自行车的比例比人口数在 5 万人以下的城镇高 33 个百分点[3]。另一项来自美国加利福尼亚州的研究则发现,学生步行或骑自行车上学的比例与人口密度的相关系数高达 0.732。该研究认为,产生此现象的主要原因是高密度的社区使得人们与工作、学习和生活所需的配套设施的距离更近了[4]。2013 年,一项针对五大洲中 11 个国家的成年人的调查发现,挪威的人口密度与成年人体力活动成正比,而日本的人口密度与人们的体力活动成反比[5]。从该项调查结果可以看出,由于不同国家国情存在差异,人们出行方式

---

① BRAZA M,SHOEMAKER W,SEELEY A. Neighborhood design and rates of walking and biking to elementary school in 34 California communities[J]. American journal of health promotion,2004,19(2):128-136;FRANK L,KERR J,CHAPMAN J,et al. Urban form relationships with walk trip frequency and distance among youth[J]. American journal of health promotion,2007,21(4):305-311.

② PONT K,ZIVIANI J,WADLEY D,et al. Environmental correlates of children's active transportation:A systematic literature review[J]. Health & place,2009,15(3):849-862.

③ DE BRUIJN G J,KREMERS S P J,SCHAALMA H,et al. Determinants of adolescent bicycle use for transportation and snacking behavior[J]. Preventive medicine,2005,40(6):658-667.

④ BRAZA M,SHOEMAKER W,SEELEY A. Neighborhood design and rates of walking and biking to elementary school in 34 California communities[J]. American journal of health promotion,2004,19(2):128-136.

⑤ DING D,ADAMS M A,SALLIS J F,et al. Perceived neighborhood environment and physical activity in 11 countries:Do associations differ by country? [J]. The international journal of behavioral nutrition and physical activity,2013,10(1):57.

的选择和城市人口密度可能并不是简单的正相关关系,这值得我们进行深入探究。

　　土地利用混合度可以影响人们的出行选择(步行或骑自行车),这得到了许多研究的证实。比如一项针对澳大利亚昆士兰州成年人的调查发现,家到人行道的距离及到报摊的距离均可能影响人们对步行出行的选择[①]。Giles-Corti 等[②]研究发现,家到公共空地的距离是影响成年人是否选择步行出行的因素之一。Grow 等[③]对青少年进行研究发现,家到学校、休闲场所、运动场所的距离是影响他们开展交通性体力活动的重要因素。还有多项研究都证明,居民居住周边环境的土地利用混合情况与交通性体力活动水平呈正相关,而且这种相关关系还存在性别差异,女性的体力活动水平与周边购物环境的可及性呈正相关,而男性则与娱乐设施的可及性呈正相关[④]。Santos 等[⑤]也发现,女性感知居住周边环境商店的可及性好时,她们每天步行量会增加,中高强度体力活动水平会提高。Stock 等[⑥]的研究也支持科学的土地利用混合能促使人们更多地步行和骑自行车。还有研究表明,提高土地利用混合程度,即到达目的地的距离越近,居民选择步行或骑车的概率越高,更有可能促使居民出行,从而增加居民的体力活动量[⑦]。

　　(2)交通系统方面。此方面的研究主要考察路网类型、交叉口密度(连接度)、目的地距离(临近度)等要素与体力活动的关系。其中,目的地距离因素在较早的时候便受到研究者们的关注。加拿大的一项调查发现,有一半的孩子从来不步行

　　① DUNCAN M,MUMMERY K. Psychosocial and environmental factors associated with physical activity among city dwellers in regional Queensland[J]. Preventive medicine,2005,40(4):363-372.

　　② GILES-CORTI B,BROOMHALL M H,KNUIMAN M,et al. Increasing walking:How important is distance to,attractiveness,and size of public open space? [J]. American journal of preventive medicine, 2005,28(2):169-176.

　　③ GROW H M,SAELENS B E,KERR J,et al. Where are youth active? Roles of proximity,active transport,and built environment[J]. Medicine & science in sports & exercise,2008,40(12):2071-2079.

　　④ KONDO K,LEE J S,KAWAKUBO K,et al. Association between daily physical activity and neighborhood environments[J]. Environmental health and preventive medicine,2009,14(3):196-206.

　　⑤ SANTOS R,SILVA P,SANTOS P,et al. Physical activity and perceived environmental attributes in a sample of Portuguese adults:Results from the Azorean physical activity and health study[J]. Preventive medicine,2008,47 (1):83-88.

　　⑥ STOCK C,BLOOMFIELD K,EJSTRUD B,et al. Are characteristics of the school district associated with active transportation to school in Danish adolescents? [J]. The european journal of public health,2012,22(3):398-404.

　　⑦ 柴彦威. 空间行为与行为空间[M]. 南京:东南大学出版社,2014.

上学,四分之三的孩子从来不骑自行车上学,家长们将主要原因归结为学校离家太远,研究者认为,孩子愿意步行的距离在 2.5km 以内,骑自行车的距离在 8km 以内[①]。Cohen 等[②]研究发现,家到学校的路程每增加约 1.6km,学生每周参加中等或高强度运动的时间就减少 13min。如果公共设施设置在至居住区合理的距离之内,那么对于提高居民的交通性体力活动水平来说,应该是一种有效的手段。Saelens 等[③]研究得出,居民可能会因住区周围有慢行道而每周步行 150min 以上。美国相关研究显示,住在适宜慢行的住区的居民比居住在不适宜慢行的住区的居民的健康水平高,土地利用混合度和与交通相关的体力活动呈正相关[④]。

　　城市的街道网络也是影响人们交通方式选择的重要因素之一。早期针对街道网络和人们体力活动关系的研究主要是比较在不同街道网络布局下,人们步行和骑自行车行为的异同。Handy 等[⑤]研究发现,传统的城市规则式街道网格布局要比郊区的蔓延式街道网格布局更易促进人们采用步行方式出行。部分研究认为,街道连通性越高、街道越密,越有利于缩短人们出行的距离和增加人们对路径的选择,从而能鼓励人们更多地选择步行和骑自行车出行[⑥]。如 Inoue 等[⑦]研究发现,居民感知周边道路连接性高时,更可能选择步行,这与 Saelens 等人的研究结果一致,

① CRAGG S,CAMERON C,CRAIG C L. 2004 National Transportation Survey[R]. Ottawa:Canadian Fitness and Lifestyle Research Institute,2006.

② COHEN D,ASHWOOD J S,SCOTT M,et al. Proximity to school and physical activity among middle school girls:The trial of activity for adolescent girls study[J]. Journal of physical activity and health,2006,3(1):S129-S138.

③ SAELENS B E,SALLIS J F,FRANK L D. Environmental correlates of walking and cycling:Findings from the transportation,urban design,and planning literatures[J]. Annals of behavioral medicine,2003,25(2):80-91.

④ CLELAND C,REIS R S,FERREIRA HINO A A,et al. Built environment correlates of physical activity and sedentary behaviour in older adults:A comparative review between high and low-middle income countries[J]. Health & place,2019,57:277-304.

⑤ HANDY S,CAO X,MOKHTARIAN P. Correlation or causality between the built environment and travel behavior? Evidence from Northern California[J]. Transportation research Part D:Transport and environment,2005,10(6):427-444.

⑥ BERRIGAN D,PICKLE L,DILL J. Associations between street connectivity and active transportation[J]. International journal of health geographics,2010,9(1):20.

⑦ INOUE S,OHYA Y,ODAGIRI Y,et al. Association between perceived neighborhood environment and walking among adults in 4 cities in Japan[J]. Journal of epidemiology,2010,20(4):277-286.

即周边环境的街道连接性越高,居民选择步行或骑自行车的比例会越高①。Berrigan 等②的研究表明,街道的连接性与人们选择步行和骑自行车出行的意愿呈正相关。但是比利时的一项关于环境与体力活动关系的研究发现,周边街道的连接性与居民的闲暇步行水平呈负相关③,这可能是由于街道的连接性好,其交通可能较拥堵,反而影响了居民闲暇时间的体力活动。这些研究表明,人们的出行方式可能与城市道路的设计有一定的相关性,其相关程度还受到其他因素的影响。

城市交通系统与土地利用是相互影响的整体,对居民通勤距离和交通模式选择有重要影响④。在高密度、高连通性和混合式的建成环境中,设置通过非机动交通方式就能抵达的日常活动场所,会鼓励居民以非机动交通方式出行⑤。Vojnovic⑥ 针对密歇根的研究发现,感知距离较短和高度连接的邻里特征能鼓励居民增加步行、骑自行车等交通性体力活动。Siu⑦ 根据建成环境要素,采用聚类分析将都市区邻里划分为六种类型,通过比较证实了高密度、高街道连接性、临近服务设施的邻里内老年人更愿意出行。Gomez 等⑧研究发现,街道连接性越高的地区,老年人交通

① SAELENS B E,SALLIS J F,FRANK L D. Environmental correlates of walking and cycling:Findings from the transportation,urban design,and planning literatures[J]. Annals of behavioral medicine,2003,25(2):80-91.

② BERRIGAN D,PICKLE L,DILL J. Associations between street connectivity and active transportation[J]. International journal of health geographics,2010,9(1):20.

③ VAN DYCK D,CARDON G,DEFORCHE B,et al. Environmental and psychosocial correlates of accelerometer-assessed and self-reported physical activity in Belgian adults[J]. International journal of behavioral medicine,2011,18 (3):235-245.

④ YAMG J,FRENCH S,ZHANG X,et al. Measuring polycentric structure of U. S. metropolitan areas,1970—2000:Spatial statistical metrics and an application to commuting behavior [J]. Journal of American planning association,2012,78(2):197-209.

⑤ VOJNOVIC I,KOTVAL-K Z,LEE J,et al. Urban built environments,accessibility,and travel behavior in a declining urban core:The extreme conditions of disinvestment and suburbanization in the detroit region[J]. Journal of urban affairs,2014,36(2):225-255.

⑥ VOJNOVIC I. Building communities to promote physical activity:A multi-scale geographical analysis[J]. Geografiska annaler:Series B,human geography,2006,88(1):67-90.

⑦ SIU V W. Built environment and its influences on walking among older women:Use of standardized geographic units to define urban forms[J]. Journal of environmental and public health,2012:203141.

⑧ GOMEZ L F,PARRA D C,BUCHNER D,et al. Built environment attributes and walking patterns among the elderly population in Bogota[J]. American journal of preventive medicine,2010,38(6):592-599.

安全感知越差,每周出行时间越少,这与 Parra 等[1]的研究推断相似。其原因可能是街道连接性的提高促进了汽车出行,对老年人步行出行安全感知产生了消极影响。

(3)城市设计特征方面。此方面的研究主要以居民对城市设计要素的主观感知(如安全感知、美学感知等)作为解释变量,研究其与居民体力活动行为之间的关系。安全感知主要指居民对邻里犯罪和安全的感知,包括步行路径安全感知,犯罪率、灯光以及交通等的感知,主要分为环境、治安和交通安全三大类[2]。从研究文献来看,步行路径环境安全、犯罪率、交通等方面的感知与体力活动呈正相关,对于休闲性步行的作用尤为明显。来自美国的研究发现,城市的犯罪率与青少年户外活动的频率成反比[3]。Simons 等[4]研究表明,安全问题是影响青少年选择步行和骑自行车出行的重要因素之一 。可以说,安全感知是体力活动的基本影响因素,也是居民选择步行出行的原因之一[5]。但由于安全情况与国家的很多社会因素相关,因此各国居民体力活动水平与安全感知关系的差异性较大。如 Inoue 等[6]研究发现,居民感知周边交通安全情况较好时,更有可能利用闲暇时间去步行。同样,Voorhees 等[7]也发现,女学生更可能选择步行上下学。Humpel 等[8]的研究表明,

① PARRA D C,GOMEZ L F,FLEISCHER N L,et al . Built environment characteristics and perceived active park use among older adults:Results from a multilevel study in Bogota[J]. Health & place,2010,16(6):1174-1181.

② MOUDON A V, LEE C, CHEADLE A D, et al. Operational definitions of walkable neighborhood:Theoretical and empirical insights[J]. Journal of physical activity and health, 2006,3(1):S99-S117.

③ Committee on Environmental Health. The Built Environment:Designing communities to promote physical activity in children[J]. Pediatrics,2009,123(6):1591-1598.

④ SIMONS D,CLARYS P, DE BOURDEAUDHUIJ I,et al. Factors influencing mode of transport in older adolescents:A qualitative study[J]. BMC public health, 2013,13(1):323.

⑤ ALFONZO M A. To walk or not to walk? The hierarchy of walking needs[J]. Environment and behavior,2005,37(6):808-836.

⑥ INOUE S,OHYA Y,ODAGIRI Y,et al. Association between perceived neighborhood environment and walking among adults in 4 cities in Japan[J]. Journal of epidemiology,2010,20 (4):277-286.

⑦ VOORHEES C C,ASHWOOD S,EVENSON K R,et al. Neighborhood design and perceptions:Relationship with active commuting[J]. Medicine & science in sports & exercise,2010, 42(7):1253-1260.

⑧ HUMPEL N,MARSHALL A L,LESLIE E,et al. Changes in neighborhood walking are related to changes in perceptions of environmental attributes[J]. Annals of behavioral medicine, 2004,27(1):60-67.

女性所感知的周边环境交通安全情况与步行水平呈正相关,而男性呈负相关。而葡萄牙的一项研究表示,周边环境的治安情况与居民的体力活动水平无关[①]。Soma 等[②]关于日本社区老年人住区建筑环境特征与步行行为关系的研究表明,如果老年人认为步行交通环境安全,则其每周的步行距离可以增加 1km。安全性是影响人们步行或骑自行车出行的重要因素,然而,目前严峻的交通安全问题严重威胁了居民的出行安全,对人们选择步行和骑自行车出行产生了消极的影响。因此,加强交通安全和社会治安管理可以促进人们更多地将步行和骑自行车作为主要出行方式。

美学感知主要指场所的吸引力,包括街景、建筑、公共设施等[③]。总的来说,邻里社区、街道和公共空间的美学感知对居民体力活动,特别是闲暇时间体力活动具有积极的作用[④]。针对美国近 41 万人的调查数据显示,城市公园的面积与人们步行或骑自行车的行为成正比($r=0.62$, $p<0.001$)[⑤]。捷克的一项研究发现,居民感知周边环境舒适时,每天的步行数会增加,同时体力活动水平更可能达到促进健康的水平。Inoue 等[⑥]也发现,当居民感知周边环境美化情况好时,更可能在闲暇时间去步行。而一些研究认为,周边环境的美化情况与体力活动之间关系的性别

① SANTOS R,SILVA P,SANTOS P,et al. Physical activity and perceived environmental attributes in a sample of Portuguese adults:Results from the Azorean physical activity and health study[J]. Preventive medicine,2008,47(1):83-88.

② SOMA Y,TSUNODA K,KITANO N,et al. Relationship between built environment attributes and physical function in Japanese community-dwelling older adults[J]. Geriatrics & gerontology international,2017,17(3):382-390.

③ HANDY S L,BOARNET M G,EWING R,et al. How the built environment affects physical activity:Views from urban panning[J]. American journal of preventive medicine,2002,23(Issue 2,Supplement 1):64-73.

④ HUMPEL N,OWEN N,LESLIE E,et al. Associations of location and perceived environmental attributes with walking in neighborhoods[J]. American journal of health promotion,2004,18(3):239-242;BORST H C,DE VRIES S I,GRAHAM J M A,et al. Influence of environmental street characteristics on walking route choice of elderly people[J]. Journal of environmental psychology,2009,29(4):477-484;MACINTYRE S,MACDONALD L,ELLAWAY A. Lack of agreement between measured and self-reported distance from public green parks in Glasgow,Scotland[J]. International journal of behavioral nutrition and physical activity,2008,5(1):26.

⑤ ZLOT A L,SCHMID T L. Relationships among community characteristics and walking and bicycling for transportation or recreation[J]. American journal of health promotion, 2005,19(4):314-317.

⑥ INOUE S,OHYA Y,ODAGIRI Y,et al. Association between perceived neighborhood environment and walking among adults in 4 cities in Japan[J]. Journal of epidemiology,2010,20(4):277-286.

差异不明显[①]。

相关研究表明，设计良好的建成环境能对城市居民的体力活动起到促进作用。其中，Cervero 等[②]认为，拥有较高的开发强度并且具有适当的功能复合度的社区居民活动空间相对集中，可以用步行和骑行等绿色出行方式替代私人汽车出行，也利于碳排放量的降低。有研究表明，完善的设施有利于体力活动的增加，如学者 Frumkin 等[③]从康体设施配置的角度表明了康体设施对于体力活动的促进作用，他认为，美国之所以有约 50%的人口缺乏定期锻炼和休闲活动，是因为粗放的发展模式下，缺乏开放的活动空间和康体设施，应该合理配置可达性高的开放空间和康体设施，以有效激励居民进行多样化的体力活动。Mcintyre 等[④]通过对加拿大成年人的步行行为的研究发现，步行环境的舒适性越高，居民的步行积极性和凝聚力越高，体力活动水平也会随之提高，安全的环境也能促进体力活动的发生。Vojnovic 等[⑤]的研究表明，住区空间环境的安全、愉悦、舒适、可达性、趣味性这五个方面是促进居民步行出行和骑自行车出行的重要因素。Purciel 等[⑥]认为，吸引居民主动步行的外部空间环境具有宜人的尺度，具有可识别的信息，具有亲近自然的环境，具有场所感。城市设计特征研究是当前欧美国家环境、地理、建筑、城市规划等相关领域的研究热点，不同学者针对环境感知要素的不同方面及不同的体力活动行为进行研究，得出的结论也不同。

① KONDO K, LEE J S, KAWAKUBO K, et al. Association between daily physical activity and neighborhood environments[J]. Environmental health and preventive medicine, 2009, 14 (3): 196-206; HUMPEL N, MARSHALL A L, LESLIE E, et al. Changes in neighborhood walking are related to changes in perceptions of environmental attributes[J]. Annals of behavioral medicine, 2004, 27(1): 60-67.

② CERVERO R, KOCKELMAN K. Travel demand and the 3Ds: Density, diversity, and design[J]. Transportation Research Part D: Transport & environment, 1997, 2(3): 199-219.

③ FRUMKIN H. Urban sprawl and public health[R]. Public health reports, 2022, 117: 201-217.

④ MCINTYRE C A, RHODES R E, BROWN S G. Integrating the perceived neighborhood environment and the theory of planned behavior when predicting walking in a Canadian adult sample[J]. American journal of health promotion, 2006, 21(2): 110-118.

⑤ VOJNOVIC I, JACKSON-ELMOORE C J, HOLTROP J, et al. The renewed interest in urban from and public health: Promoting increased physical activity in Michigan[J]. Cites, 2006, 23(1): 1-17.

⑥ PURCIEL M, NECKERMAN K M, LOVASI G S, et al. Creating and validating GIS measures of urban design for health research[J]. Journal of environmental psychology, 2009, 29 (4): 457-466.

（4）健康关系角度。人居环境与健康关系方面的研究聚焦于建成环境与居民健康行为的关系和建成环境与健康、肥胖的关系。Booth 等[1]定性研究建成环境与肥胖的关系，指出建成环境会影响体力活动和健康饮食，如娱乐设施少、安全隐患大、地形不平、照明不足等都会妨碍体力活动，进而使肥胖率升高。Gordon 等[2]提出，建成环境中的不平等是构成体力活动和肥胖方面主要健康差异的基础，发现健身设施在社区中的分配极不公平，特别是在低收入、少数族裔社区分配得更少，这与这些社区超重的高概率呈正相关。Feldman 等[3]指出，物理环境对个体健康的影响超过了个体健康风险因素，他认为更安全的社区，包括住宅、商业和娱乐场所，通常会带来更多的体育活动和社会资本，并减少肥胖现象。

随着研究的逐渐深入，人们的视野已经从个体行为模型扩展到更具包容性的生态模型，从生态模型认识到体力活动和建成环境作为健康决定因素的重要性。Lovasi 等[4]的研究表明，较高的街道连接性和土地利用混合度与较高的身体活动水平和较低的 BMI 有关。Koohsari 等[5]横断面调查 297 名日本老年人，客观测量建成环境因素（人口密度、步行指数）、体力活动和 BMI，探索建成环境与肥胖的关系，发现在 800m 和 1600m 缓冲区内，人口密度和步行指数与 BMI 呈负相关，并得出体力活动和久坐行为在这些关联中起到中介作用。Namgung 等[6]横断面调查 13201 名韩国老年人，客观测量建成环境因素和 BMI，探究建成环境对老年人肥胖的影响是否存在性别差异，得出建成环境对当地老年男性和老年女性肥胖率的影响存在相当大的差异，即老年男性比老年女性更容易受到建成环境的影响。还有研究表明，靠近与健康相关的商品和服务的建成环境对改善健康有促进作用，而居

① BOOTH K M，PINKSTON M M，POSTON W S. Obesity and the built environment[J]. Journal of American Dietetic Association，2005，105(5)：110-117.

② GORDON-LARSEN P，NELSON M C，PAGE P，et al. Inequality in the built environment underlies key health disparities in physical activity and obesity[J]. Pediatrics，2006，117(2)：417-424.

③ FELDMAN P J，STEPTOE A. How neighborhoods and physical functioning are related：The roles of neighborhood socioeconomic status，perceived neighborhood strain，and individual health risk factors[J]. Annals of behavioral medicine，2004，27(2)：91-99.

④ LOVASI G S，HUTSON M A，GUERRA M，et al. Built environments and obesity in disadvantaged populations[J]. Epidemiologic reviews，2009，31(1)：7-20.

⑤ KOOHSARI M J，KACZYNSKI A T，NAKAYA T，et al. Walkable urban design attributes and Japanese older adults' body mass index：Mediation effects of physical activity and sedentary behavior[J]. American journal of health promotion，2019，33(5)：764-767.

⑥ NAMGUNG M，GONZALEZ B E M，PARK S. The role of built environment on health of older adults in Korea：Obesity and gender differences[J]. International journal of environmental research and public health，2019，16(18)：3486.

住在商业衰退的地区(有较多酒店、典当行和快餐店)可能是导致健康状况不佳的危险因素。Jefferis 等①利用加速器测量体力活动得出,小于 10min 的 MVPA 与肥胖有良好的相关性,包括 BMI、腰围和脂肪量;久坐行为的总体水平越高,低强度体力活动水平越低,死亡风险、认知能力下降的风险、横断面上的肥胖风险就越高,心理健康状况就越差。

另外,一些研究表明,良好的建成环境还有益于居民的心理健康。例如,Hawe 等②研究发现,社区归属感对居民心理和身体健康有积极作用,这是因为社区归属感能够激发居民进行体育运动的热情,增进其社会交往。社区归属感的建立,首先需要社区提供可达性和舒适性较高的公共空间,为居民交往提供场所保障,其中公共空间的质量比数量更重要。多项研究表明,有相同社会背景的人更容易形成社区归属感。同时,Hawe 等对社区居民的研究还表明,社区归属感能够强化居民的自我认知和环境认同,促使居民积极参与社区活动和有利于健康的社会交往,由此得出了归属感对社区居民的心理健康影响显著的结论。

总的来说,建成环境的设计对居民进行体力活动、使用交通系统和融入社区具有重大影响。拥有方便使用的交通系统、适宜步行的社区使居民能够在良好的环境中生活,从而更充分地参与社区活动。总之,建成环境对居民体力活动具有重要作用,不仅影响步行、低强度体力活动、MVPA 和久坐行为,还能提高满足体力活动推荐值的达标率。

2.理论模型

影响体力活动的因素有很多,主要包括个人因素、社会环境因素和物质环境因素三个层面。最初的理论模型研究主要集中在传统的心理学或者行为学上,比如经典学习理论、计划行为理论、社会认知理论、行为改变的阶段理论等。这些理论普遍关注个人因素及由人际关系主导的社会环境因素,而这只是体力活动影响因素一个方面,认识到这一局限性之后,研究者们开始致力于对更广泛的体力活动影响因素的探讨。20 世纪 90 年代,学者们开始借助生态学领域的观点来综合考虑人类体力活动的影响因素,研究的重点转向人与其所处的物质和社会环境的相互关系,进而提出了建成环境与人的体力活动有关的模型。Lewin 于 1940 年最早提出社会生态学模型,并受到了极大的关注,他采用"生态心理学"来解释外部环境

---

① JEFFERIS B J, PARSONS T J, SARTINI C, et al. Does duration of physical activity bouts matter for adiposity and metabolic syndrome? A cross-sectional study of older British men [J]. The international journal of behavioral nutrition and physical activity,2016,13(1):36.

② HAWE P, SHIELL A. Social capital and health promotion: A review [J]. Social science & medicine,2000,51(6):871-885.

对人的影响[①]。社会生态学模型指出,体力活动受到个人特征、物质环境因素、社会环境因素的多元影响(图 2-2)[②],在该模型的指引下,建成环境对体力活动的影响研究有了很大进展。

图 2-2　体力活动与健康的多层级影响

　　在社会生态学思想的影响下,众多学者提出了不同行为的社会生态学模型,这些模型强调社会环境和物质环境对体力活动的干预,重点研究个体在体力活动改变过程中的环境支持。Simons 等[③]最早提出体力活动促进的社会生态学模型,其中所涉及的体力活动影响因素包括个体感知、社会影响、社会支持、物理环境及政策这几个方面,同时从个人、组织、政府三个层面和学校、社区、工厂、疗养院四种场所来研究环境对体力活动行为的影响,该模型为后续的研究奠定了基础。随后,Corti[④] 在 1998年以步行行为为例,提出了改进后的步行行为干预的社会生态学模型(图 2-3),该模型包括影响步行行为的个人因素、社会环境因素、物质环境因素。为了进一步探索

　　① LEWIN K. Review of explorations in personality[J]. Journal of abnormal and social psychology,1940,35(2):283-285.

　　② Transportation Research Board (TRB). Does the built environment influence physical activity:Examining the evidence[R]. Washington, D. C. :TRB,2005.

　　③ SIMONS-MORTON D G,SIMONS-MORTON B G,PARCEL G S,et al. Influencing personal and environmental conditions for community health:A multilevel intervention model[J]. Family & community health,1988,11(2):25-35.

　　④ CORTI-GILES W. The relative influence of,and interaction between,environmental and individual determinants of recreational physical activity in sedentary workers and home makers[D]. Nedlands,Perth WA : Health Promotion Evaluation Unit,Department of Public Health & Graduate School of Management,The University of Western Australia,1998.

环境因素对体力活动的影响,Spence 等①在前人研究的基础上建立了更为全面、系统的模型,对体力活动的环境影响因素做了更深入的整合,提出了影响体力活动的社会生态学模型(图 2-4),包含宏系统、外系统、中系统、微系统四个维度。这一模型说明了影响体力活动的环境因素分类,同时说明了物质环境的基础性影响。

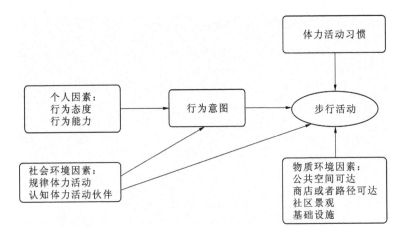

图 2-3　步行行为干预的社会生态学模型

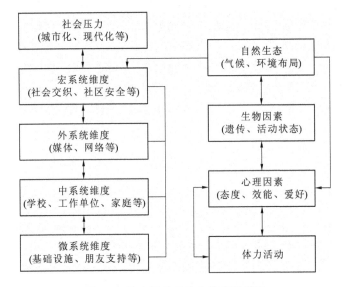

图 2-4　体力活动的社会生态学模型

① SPENCE J C,LEE R E. Toward a comprehensive model of physical activity[J]. Psychology of sport and exercise,2003,4(1):7-24.

2005 年,Alfonzo[①]在社会生态学模型的基础上,进一步探究了城市空间形态与居民步行活动的关系,从而提出了步行环境需求层级模型(图 2-5),包括五个影响步行决定的需求层次,分别为可行性、可达性、安全性、舒适性和愉悦性。这五个层次由塔底向塔顶逐级递进,且都是影响步行的外在环境要素,这间接表明了建成环境是影响人们体力活动的一个重要因素。在整个模型中,个人因素、群体社会因素与物质环境因素相互影响而构成生活方式环境,这是决定步行行为的内在过程,在环境要素和步行行为之间起中介作用,这说明了内在过程只有在外在的环境要素被满足时才有可能发生。同年,Zimring 等[②]基于前人的研究成果重新建立了社会生态模型(图 2-6),这个模型不但简洁地表明了个人因素、社会/组织因素、物质环境因素与体力活动的关系,而且对环境的尺度做出了界定,因此具有更好的操作性,在实际研究中也运用较多。但鉴于该模型在各个领域有特定的研究内容,涉及的范围较广泛,Ewing[③]提出了以四种体力活动作为中介变量,单纯的环境因素对体力活动及身体健康影响的模型(图 2-7)。这也是第一个运用客观的方法来研究城市环境因素与个体健康的关系的模型,其缺点是环境因素较为单一,在以后的理论模型研究中应重视对其进行扩充。

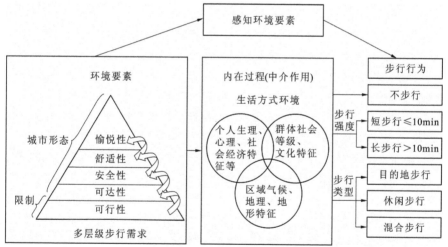

图 2-5 基于社会生态学模型框架的多层级步行环境需求层级模型

① ALFONZO M A. To walk or not to walk? The hierarchy of walking needs[J]. Environment and behavior,2005,37(6):808-836.

② ZIMRING C,JOSEPH A,NICOLL G L,et al. Influences of building design and site design on physical activity:Research and intervention opportunities[J]. American journal of preventive medicine,2005,28(2):186-193 .

③ EWING R . Can the physical environment determine physical activity levels? [J]. Exercise and sports sciences reviews,2005,33(2):69-75 .

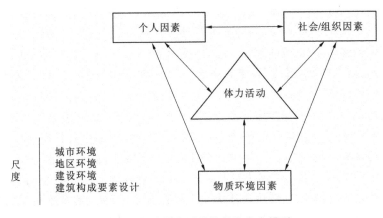

图 2-6　影响体力活动的社会生态模型

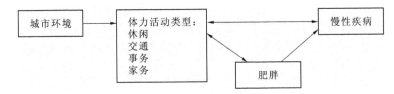

图 2-7　环境因素对体力活动及身体健康影响的模型

　　总的来说,以社会生态学观点来考虑环境与体力活动的关系,已被众多研究证实是可行的。基于该观点的体力活动影响因素研究强调人与社会环境之间的关系,表明人的体力活动受到环境影响,在健康促进领域运用广泛。在社会生态学模型框架下,"环境"的概念被延伸,不再仅仅指传统的自然环境,还包括我们周围的社会环境和建成环境,如城市建设、商业、文化环境等。以社会生态学模型作为理论架构,说明实体环境作为影响体力活动的关键因素是如何影响体力活动,进而影响健康状况的。社会生态学模型各层次之间的关系是相互的,为了设计促进体力活动和促进健康的环境,有必要考虑模型的多个层次是如何相互作用的。未来数年,开展关于建成环境与体力活动及健康促进方面的研究,社会生态学模型将仍是主要的理论模型之一,随着对此领域研究的不断深入,该模型将会趋于完善。

(二)国内人居环境与健康关系的研究

　　国内对环境与健康关系的研究开始得较早,20 世纪中期我国就已经有大量的学者关注环境与人体健康的关联,但主要关注的是环境污染、空气中的灰尘、金属等对人体健康的影响。2000 年左右,学者们开始逐渐关注居住环境对人体健康的影响。2007 年颁布的《国家环境与健康行动计划(2007—2015)》是我国环境与健康领域的第一个纲领性文件,对该领域的发展具有重要意义。梳理国内建成环境与健康关系的研究发展历程(表 2-1),可以看出,国内建成环境与健康关系的研究起步较晚,初探时期出现了一些对相关政策的研究,进入 21 世纪,建成环境与健康关系的研究逐渐成为一种趋势。从 2009 年开始,国内不同学科的学者们开始进行了多视角、多领域、多学科的理论和实践探索。研究主要集中在三大领域,分别是公共卫生与预防领域、运动健康促进领域、城市规划与设计领域。随着国家相关方针政策的出台,跨学科研究和跨部门合作的实践逐步深入,研究成果也日渐丰硕。在城市发展规划中,出现以环境设计促进健康行为的理念,进一步明确了建成环境在促进全民健康活动中的地位。

表 2-1　　　　　　　　国内建成环境与健康关系的研究发展历程

年份	研究进展
1992	陈昌惠开展了中国和瑞典协作项目"住房类型、环境与居民健康协作研究",在国内较早进行建成环境与健康关系的研究
2005	刘滨谊撰文介绍美国"设计下的积极生活"项目的背景、方案和启示
2009	吕筠、李立明、董晶晶、朱为模先后发表有关我国环境与健康的 4 篇综述类文章
2010	吕筠和韩西丽的课题分别获得国家自然科学基金立项
2013	庄洁和代俊的课题分别获得国家社会科学基金立项
2013	以"环境对身体活动和生活质量的影响"为主题的第 12 届华人运动生理与体适能学者学会年会在沈阳体育学院举行
2014	国内 CSSCI 期刊《体育与科学》设立"建成环境、体力活动与健康关系"专题,陈佩杰等、张莹等、何晓龙等、陈庆果等、温煦等分别针对专题发表相关研究成果
2015	王竹影的课题获得国家社会科学基金立项
2015	"健康中国"已成为国家战略,一些学者开始以建成环境促进公众健康为视角,提出面向健康城市和全民健身理念的环境规划设计的建议

陈昌惠是国内较早进行建成环境与健康关系研究的专家,他在 1992 年开展了与瑞典合作的科研项目"住房类型、环境与居民健康协作研究",并发表了 5 篇与课题相关的研究论文,是国内环境与健康关系研究的开拓者。他对国内外住房类型、居住环境与人的健康关系情况作了详细的介绍,呼吁国内开展对居住环境与人的健康关系的研究,以满足居民的全面生活需要[①]。这一课题当时在国内还缺乏关注,但前瞻性很强。进入 21 世纪,人居环境成为研究的热点,国内学者开始从城市微观层面对建设环境与人们健康的关系展开研究。宋义、程丽燕[②]指出,健康住宅

---

① 陈昌惠. 住房类型、环境与居民健康协作研究之一——文献复习[J]. 中国心理卫生杂志,1992,6(1):14-16.

② 宋义,程丽燕. 创造健康的人居环境——健康住宅[J]. 当代建设,2002(1):62.

的规划建设应追求三大和谐——人与自然的和谐、人与人的和谐、人自身的和谐，应充分考虑室内及室外的影响健康、安全和舒适的因素，进一步提高公众的居住环境质量。吕筠和李立明[1]最先引入生态学的观点，概述了个体健康生活的环境影响因素。此后，陆续有一些学者介绍了国外"设计下的积极生活"和研究成果，为国内环境与公共健康的相关研究提供了国际视野。在运动健康促进领域，朱为模教授[2]在2009年最先从进化论和社会-生态学角度综述了环境、步行与健康的关系，为后续的相关研究提供了新的理论框架和视角。随后，吕筠等[3]、董晶晶[4]、朱为模[5]先后将该领域生态学的方法、健康城市空间的设计理念、理论模型等知识介绍到国内，为该领域的后续研究奠定了一定的理论基础。

2010年，该领域的研究达到一个小高峰，以2010年吕筠的一项课题和韩西丽的一项课题获得国家自然科学基金立项为代表。此时有不少专家提出各自的观点，如谭少华等[6]提出人居环境对健康的主动式干预模式，认为喧嚣的城市环境会对健康产生负面影响，并提出户外环境对健康主要有治疗和康复功能，有缓解压力、消除疲劳、增强身体健康的效果，有陶冶情操的作用。张莹等[7]探究体力活动相关环境对肥胖的影响，指出健康受到硬环境（自然生态环境、建设环境）、软环境（环境心理感知、人文社会环境）和主体（社区居民）的影响。翁锡全等[8]分析了国外城市建筑环境对居民身体活动和健康的影响，认为建筑环境因素中街道网格布局、健身康乐设施、土地规划使用、风景园林、环境安全性等可能影响居民身体活动进而影响健康水平，并介绍了该领域的研究模型。仲继寿等[9]探究邻里关系、居住安全感、私密性保护、交往空间、健身设施、文化娱乐设施等与抑郁的关系，发现预

---

① 吕筠，李立明. 慢性病防治策略与研究领域的新视角[J]. 中国慢性病预防与控制，2009，17(1)：1-3.

② 朱为模. 从进化论、社会-生态学角度谈环境、步行与健康[J]. 体育科研，2009，30(5)：12-16.

③ 吕筠，李立明. 慢性病防治策略与研究领域的新视角[J]. 中国慢性病预防与控制，2009，17(1)：1-3.

④ 董晶晶. 论健康导向型的城市空间构成[J]. 现代城市研究，2009，24(10)：77-84.

⑤ 朱为模. 从进化论、社会-生态学角度谈环境、步行与健康[J]. 体育科研，2009，30(5)：12-16.

⑥ 谭少华，郭剑锋，江毅. 人居环境对健康的主动式干预：城市规划学科新趋势[J]. 城市规划学刊，2010(4)：66-70.

⑦ 张莹，陈亮，刘欣. 体力活动相关环境对健康的影响[J]. 环境与健康杂志，2010，27(2)：165-168.

⑧ 翁锡全，何晓龙，王香生，等. 城市建筑环境对居民身体活动和健康的影响——运动与健康促进研究新领域[J]. 体育科学，2010，30(9)：3-11.

⑨ 仲继寿，王莹，赵旭，等. 住区心理环境健康影响因素实态调查研究[J]. 建筑学报，2010(3)：1-6.

防抑郁的有利因素为居住安全感、邻里交往、住区归属感。汤军克等[①]通过研究不同居住环境对老年人生活质量的影响发现,在老年人对居住环境、娱乐活动场所、看病便利程度、交通状况满意程度不同及体育锻炼设施不同的社区,老年人生活质量有很大的不同。随后,周热娜等[②]、吴超群等[③]对环境因素对个体行为及体力活动水平的影响进行了综述,进一步强化了环境决定因素在今后类似研究中的重要地位。

紧接着,2013 年庄洁一项课题和代俊的一项课题以及 2015 年王竹影的一项课题获得了国家社会科学基金立项,这说明体力活动相关环境的研究在我国逐渐深入,也取得了一系列的研究成果。2014 年 1 月,国内 CSSCI 期刊《体育与科学》设立"建成环境、体力活动与健康关系"专题,陈佩杰等[④]、张莹等[⑤]、何晓龙等[⑥]、陈庆果等[⑦]、温煦等[⑧]分别针对此专题发表相关的研究成果。其中,何晓龙等定性、定量评估了体力活动相关建成环境指标体系,认为定性建成环境指标包括可行性、可达性、安全性、舒适性、愉悦性五个维度,定量建成环境指标包括人口密度、土地利用混合度、娱乐设施可及性、街道照明、人行道覆盖、公共交通、区域可及性、斜坡、绿化/植被等。陈庆果等和温煦等介绍了建成环境与体力活动的研究进展,认为对休闲体力活动影响较大的建成环境因素是步行指数、土地利用混合度、街道连通性、地形坡度、美观/清洁/绿化,影响交通性体力活动的建成环境因素为交通距离、土地利用混合度、人口密度、步行和自行车基础设施、街道连通性和网络设计、交通安全性和环境美观度。

---

① 汤军克,李惠英,陈林利,等.上海市闵行区不同居住环境老年人生活质量及其影响因素[J].中华老年医学杂志,2010(1):72-76.

② 周热娜,李洋,傅华.居住周边环境对居民体力活动水平影响的研究进展[J].中国健康教育,2012,28(9):769-771,781.

③ 吴超群,吕筠,李立明.体力活动、膳食和吸烟行为的环境影响因素[J].中华疾病控制杂志,2013,17(5):442-446.

④ 陈佩杰,翁锡全,林文弢.体力活动促进型的建成环境研究:多学科、跨部门的共同行动[J].体育与科学,2014,35(1):22-29.

⑤ 张莹,翁锡全.建成环境、体力活动与健康关系研究的过去、现在和将来[J].体育与科学,2014,35(1):30-34.

⑥ 何晓龙,陈庆果,庄洁.影响体力活动的建成环境定性、定量指标体系[J].体育与科学,2014,35(1):52-58,103.

⑦ 陈庆果,温煦.建成环境与休闲性体力活动关系的研究:系统综述[J].体育与科学,2014,35(1):46-51.

⑧ 温煦,何晓龙.建成环境对交通性体力活动的影响:研究进展概述[J].体育与科学,2014,35(1):41-45.

2015 年,鲁斐栋等[1]、曹新宇[2]、林雄斌等[3]对建成环境对体力活动的影响、社区建成环境和交通行为及北美都市区建成环境与公共健康关系的研究进行评述,为构建主动式健康干预人居环境提供了一定的理论基础。如,鲁斐栋等将建成环境分为空间要素和场所要素,空间要素包含街道密度、土地利用混合度、目的地可达性、街道连接性,场所要素包含街道设计、公共空间设计、步行设施。此后,实证性研究陆续出现。如,孙斌栋等[4]采用北京大学中国社会科学调查中心执行的中国家庭追踪调查数据,分析建成环境与超重的关系,得出超重与人口密度、目的地可达性呈正相关,与到交通站距离呈负相关。应桃园等[5]调查分析了杭州 5 个城市公园的建成环境对游客体力活动的影响。李海影等[6]和王丽岩等[7]都对城市建成环境与中老年居民体力活动关系进行研究,前者重点阐述城市建成环境与中老年居民体力活动等级的关系,后者注重从环境感知方面探讨两者之间的关系。

2015 年,在"健康中国"正式上升为国家战略的背景下,一些学者开始以建成环境促进公众健康为视角,提出面向健康城市和全民健身理念的环境规划设计的建议。如,肖扬等[8]概述了建成环境对健康的影响机制体系,力图为推进健康城市规划设计提供研究框架和路径;王墨晗[9]认为"设计影响行为、行为反馈设计",良性互动循环为今后我国环境设计促进健康行为研究的趋向。

总之,在 2015 年以前,该领域的研究以综述类为主,主要介绍国外研究进展、研究方法和模型;2015 年至今,该领域的实证研究逐渐展开,但仍处于发展期。未来的研究应结合主客观的技术方法评估建成环境、健康状况,进而深入探究建成环

① 鲁斐栋,谭少华.建成环境对体力活动的影响研究:进展与思考[J].国际城市规划,2015,30(2):62-70.

② 曹新宇.社区建成环境和交通行为研究回顾与展望:以美国为鉴[J].国际城市规划,2015,30(4):46-52.

③ 林雄斌,杨家文.北美都市区建成环境与公共健康关系的研究述评及其启示[J].规划师,2015,31(6):12-19.

④ 孙斌栋,阎宏,张婷麟.社区建成环境对健康的影响——基于居民个体超重的实证研究[J].地理学报,2016,71(10):1721-1730.

⑤ 应桃园,应君.城市公园建成环境对居民体力活动的影响——以杭州市为例[J].山东林业科技,2016,46(2):47-50.

⑥ 李海影,宋彦李青,李国,等.城市建成环境与中老年居民体力活动关系[J].中国老年学杂志,2017,37(19):4896-4899.

⑦ 王丽岩,冯宁,王洪彪,等.中老年人邻里建成环境的感知与体力活动的关系[J].沈阳体育学院学报,2017,36(2):67-71,84.

⑧ 肖扬,萨卡尔,韦伯斯特.建成环境与健康的关联:来自香港大学高密度健康城市研究中心的探索性研究[J].时代建筑,2017(5):29-33.

⑨ 王墨晗.建成环境设计促进健康行为的研究综述[J].城市建筑,2018(11):107-110.

境与健康的关系,建成环境影响健康的路径、机制,以及体力活动在建成环境与健康关系之间的中介作用。

另外,国内关于老年人体力活动与建成环境的关系研究开始较晚。陈春等[①]通过横断面调查发现,居住地是否有休闲运动场所、到休闲运动场所的距离与老年人 BMI 之间有显著联系。郑晓冬等[②]探究社区体育设施对中老年人健康的影响,指出社区体育设施与中老年人日常活动能力存在显著的正相关关系,且与抑郁程度存在负相关关系;社区体育设施可提高中老年人体育文化活动参与度,进而影响中老年人的健康状况。2018 年,宋彦李青、吴志建、王竹影等人[③]分别采用灰色关联、模糊评价和 meta 分析的研究方法,先后发表三篇关于老年人休闲性体力活动建成环境影响因素的实证研究文章。2019 年,吴志建等[④]探究城市客观建成环境对老年人健康的影响,根据自评健康、BMI 和患慢性疾病数量评价健康状况,发现目的地可达性、设计多样性、密度(人口密度、建筑密度)明显影响老年人的健康状况,并发现体力活动在建成环境与健康之间起中介作用。2020 年,姜玉培等[⑤]研究发现,建成环境影响老年人日常步行行为。

三、变量的测量及评价方法

(一)人居环境评价指标的相关研究

目前国外针对人居环境评价指标的研究成果主要为澳大利亚人居环境质量评价指标体系。《澳大利亚:1996 环境状况》调查报告第一次综合全面地评价了澳大利亚环境。其中,48 个指标是关于人居环境条件的,包括物理环境(如空气质量等)、人类环境(如有关人的健康环境)和建筑环境(如住房购买力);23 个指标是关

① 陈春,陈勇,于立,等. 为健康城市而规划:建成环境与老年人身体质量指数关系研究[J]. 城市发展研究,2017,24(4):7-13.

② 郑晓冬,方向明. 社区体育基础设施建设、中老年人健康及不平等——基于中国健康与养老追踪调查的实证分析[J]. 劳动经济研究,2018,6(4):119-144.

③ 宋彦李青,刘悦,王竹影,等.老年人休闲性体力活动城市社区建成环境影响因素灰色关联分析[J].中国老年学杂志,2018,38(15):3777-3779;宋彦李青,王竹影,吴志建.老年人休闲性体力活动城市社区建成环境模糊评价研究[J].西安体育学院学报,2018,35(3):309-317;吴志建,王竹影,宋彦李青.老年人休闲性体力活动建成环境影响因素的 meta 分析[J].上海体育学院学报,2018,42(1):64-71,78.

④ 吴志建,王竹影,张帆,等. 城市建成环境对老年人健康的影响:以体力活动为中介的模型验证[J]. 中国体育科技,2019,55(10):41-49.

⑤ 姜玉培,甄峰,孙鸿鹄,等. 健康视角下城市建成环境对老年人日常步行活动的影响研究[J]. 地理研究,2020,39(3):570-584.

于人类所采取的环境保护方面的行动的;44 个指标是关于人类活动对物理环境造成的压力的。1998 年,阿伦达尔中心参考了联合国人居中心、国际地方政府环境行动理事会、欧洲共同体、欧洲环境署和欧洲基金会等组织确定的环境评价指标,将国际城市环境报告中关于"城市环境质量和可持续发展能力"的指标修改成了29 个,这些评价指标间相比较形成了城市环境指标矩阵①。

国外学者关于人居环境理论及实践的研究多是围绕"人与人、人与自然、人与社会"展开的,将生态文明融入人居环境评价指标体系对推动城市绿色、低碳、可持续发展具有重要促进作用②。早期阶段环境指标体系比较单一,研究内容主要集中于设施的可达性、提供活动的机会、天气、安全感和环境感知的美感五个方面,包括人居环境的社会和心理环境研究。

国内学者主要从人居环境、城市生态环境以及可持续发展角度对人居环境评价指标进行研究。如,刘凯③通过问卷调查的方法对济南市城市人居环境进行综合评价研究,并进行满意度赋值,结果表明,城市环境、城市形象、社会事业是影响人居环境质量的主要因素,他建议从生态文明视角加强生态环境污染防治、改善城市交通体系,打造宜居生态的城市新形象。王胜男等④认为,可以从园林、生态、人居环境三个方面协调海南省人居环境建设,通过产业结构和资源配置的优化,提高空间人居环境适宜性。

从城市规划的研究视角来看,刘建国等⑤在对城市人居环境进行宏观层面研究的同时,建议从城市通勤、公共安全、就业空间等微观层面探索不同区域类型人居环境的演变规律和发展模式。王淑霞等⑥以城镇化发展为视角,通过 IPA 和问卷调查相结合的方法分析城镇化建设背景下人居环境建设困扰因素,构建皖北地区城市人居环境评价指标体系,同时为皖北地区人居环境发展提出优化建议。李蕊等⑦提出了适用于中小城市人居环境评价的指标体系,包含生态环境、基础设

① 魏忠庆.城市人居环境评价模式研究与实践[D].重庆:重庆大学,2005.

② 方创琳,王德利.中国城市化发展质量的综合测度与提升路径[J].地理研究,2011,30(11):1931-1946.

③ 刘凯.生态文明视角下城市人居环境综合评价——基于山东省济南市居民的调查数据[J].中国名城,2015(8):52-57.

④ 王胜男,吴晓淇,蹇凯,等.基于风景健康的海南省自贸区人居环境空间研究[J].中国园林,2019,35(9):15-19.

⑤ 刘建国,张文忠.人居环境评价方法研究综述[J].城市发展研究,2014,21(6):46-52.

⑥ 王淑霞,邓福康,陈小芳.城镇化背景下皖北地区人居环境建设困扰因素与优化路径[J].淮海工学院学报(人文社会科学版),2017,15(2):104-108.

⑦ 李蕊,秦颖,侯研君.我国中小城市人居环境评价指标构建研究[J].北京建筑大学学报,2016,32(4):71-76.

施、经济发展、社会和谐、居住条件、资源保护、公共安全七个方面的通用指标。

目前,对城市人居环境的评价主要通过构建相应的指标体系和建立适宜的模型展开,并且已逐渐形成层次分析法、人工神经网络法、加权求和法、主成分分析法和模糊评判法等分析方法。干立超等①采用专家咨询和借鉴的方法初步建立指标体系,并进行相关性分析,遴选指标,运用 CRITIC 客观赋权法对各项指标进行赋权。冯治宇②利用层次分析法对黑龙江省鸡西市的人居环境进行分析,并建立了一个包含三个方面的评价指标结构。张志斌等③以城市居民视角为出发点,通过问卷调查的方法构建人居环境满意度评价模型,并结合地理信息系统(GIS)空间分析研究人居环境满意度空间分布。刘晓君等④从配套设施环境、住房条件、生态环境、人文社会环境、人居环境满意度、居住意愿六个变量入手构建"公租房社区人居环境满意度与居住意愿"结构方程模型。

(二)建成环境测量方法

早期关于建成环境的测量方法主要为访谈、问卷调查或量表,通过受试者的主观感知来判断环境要素的作用,实现对环境特征的定性或定量描述。调查员的现场评价也采用早期的方法,即通过器材或调查员自身的感受,收集相关环境信息的测量方法,包括调查员在现场按照一定的评估标准记录建成环境信息,以及对影像、照片等进行观察、评估和记录,如 Mahmood 等⑤阐述了影像发声在该领域研究中的作用。

近年来,对建成环境的测量逐渐趋向于利用量表进行,具有代表性的是社区环境步行性量表(Neighborhood Environment Walkability Scale,NEWS)以及它的简化版 NEWS-A。NEWS 工具于 2002 年开发完成,受到了国际体力活动和环境研究网络(www.ipenproject.org)的推崇,能够评估居民对邻里社区体力活动相关设计特征的感知,包括居住密度、土地使用组合(包括邻近性和目的地可达性指数)、街道连接性、步行/骑行的基础设施、社区美学以及社区满意度等 68 项指标。

---

① 干立超,袁钧钒,童星.城市人居环境评价指标体系构建研究[J].规划师,2016,32(S2):49-57.

② 冯治宇.城市人居环境评价指标体系的构建[J].环境与发展,2017,29(5):22,24.

③ 张志斌,巨继龙,李花.兰州市人居环境与住宅价格空间特征及其相关性[J].经济地理,2018,38(6):69-76.

④ 刘晓君,张丽.居民对公租房社区人居环境感知与居住意愿研究——以西安市为例[J].现代城市研究,2018(7):114-123.

⑤ MAHMOOD K,RAFIQ G,MUGHAL M. On the effect of mutual interaction between the walls for modelling radio propagation in indoor environment[C]//2007 International Bhurban Conference on Applied Science & Technology. Bhurban:IEEE Explore,2007:5-7.

NEWS-A 则是 2007 年开发的 NEWS 工具的简化版本,依据经验模型对评价指标体系中的相似指标进行了合并简化,适用于对问卷调查较敏感的调查对象。随后,基于质量评价工具的系统性观察方法应运而生,该方法可定量描述环境特征,不仅适用于科学研究,而且可以有效服务于决策的制定过程。美国活力生活研究项目(Active Living Research)开发了一系列的工具模型,如 Analytic and Checklist Audit Tool(适用于街区尺度的环境和体力活动的研究)、WABSA(Walking and Bicycling Suitability Assessment,适用于城市街道的可步行性和可骑行性的研究)等。根据调查对象对社区建成环境的主观感知,将建成环境的定性评价指标如美学价值、目的地可达性、环境卫生、建筑密度、安全性等与建成环境的空间定量指标相对应,进行建成环境感知的量化评定,实现了环境感知定性评价的定量化。其优点是操作简便,可灵活控制样本量,获得细节性数据较为方便。

但人们发现,系统性观察方法仅仅依靠受试者的主观感受,缺乏详细的空间数据支持,不能为社区建成环境的研究和规划提供科学指导。近年来,随着科技的不断发展,一些新技术、新方法被逐渐运用到该领域的研究中。地理信息系统(Geographic Information System,GIS)是一种特定的空间信息系统,它是在计算机软硬件的支持下,对整个或部分地球表层空间中的有关地理分布数据进行采集、储存、查询、管理、分析和显示地理空间数据的计算机技术,借助该技术可以实现建成环境因素的定量化研究。全球定位系统(Global Positioning System,GPS)是通过人造卫星精确地确定目标位置和导航的系统,它可以为全球绝大部分(98%)地区提供准确的地理位置、车行速度和精确的时间信息。将 GPS 数据集成到 GIS 地图中,提供了一种客观的方法,可以在自然和建成环境中对中高强度体力活动的位置进行研究。客观建成环境测量的优点是测量范围广、测量精度高、效率高等。

2004 年,美国学者开始创建共享街道地图数据库,2008 年成立 Open Route Service 组织(openrouteservice. org),首次把该数据库与骑行运动员所需的地图数据相结合。目前该数据库已覆盖全球,借此可探测到每一个人的相对位置及目的地可达性,能够方便利用 GIS 技术创建社区地形图。2008 年,Broach 等开始利用 GPS、GIS 软件,追踪研究骑行轨迹,发现骑车人更多出现在小巷的自行车道和交通减速地段[①]。由于该研究依赖政府相关部门提供城市网络数据图,矢量数据需要花费高成本进行维护,难以普遍用于公共基础设施的研究中。2010 年,Wang 和 Lee 利用 GIS 模拟的方法研究了社区公共空间及相关服务设施的邻近性特点,建

---

① BROACH J,DILL J,GLIEBE J. Where do cyclists ride? A route choice model developed with revealed preference GPS data[J]. Transportation research Part A: Policy & practice,2012, 46(10):1730-1740.

议服务半径在 400m 之内①。Rosenberg 等②利用跟踪观察、GIS 分析等方式对建成环境进行了研究,研究结果表明:住宅到各活动场所的步行路径越清楚、活动目的地越明确,老年人的步行驱动力越强,户外活动与身心健康促进效果越好;步行环境越舒适、步行环境满意度越高,老年人进行并发展更多类型活动的意愿越强烈。

(三)体力活动测量方法

体力活动测量方法包括主观测量、客观测量及主客观结合测量。早期体力活动测量主要为主观测量,采用国际体力活动问卷(International Physical Activity Questionnaire,IPAQ)、老年人体力活动量表(Physical Activity Scale for Elderly, PASE)和耶鲁体力活动量表(Yale Physical Activity Scale,YPAS),并结合体力活动日志、电话访谈等调查居民体力活动情况。目前,使用最广泛的问卷是国际体力活动问卷,多个国家或地区对该问卷信效度检验的结果较为可靠。该问卷可由受试人自我报告体力活动的类型、时间、频率,可以较为全面地反映体力活动的真实情况,且操作方便、成本较低,可以反映细节和背景,有利于体力活动调查的开展。但问卷设计未考虑受试人群的差异,易受到受试人群的回忆偏差、认知能力、健康状况和其他因素的影响。

为了克服自我报告体力活动的局限,客观测量体力活动的方法越来越受重视。双水表法、间接热量测定法、心率法、GPS 结合计步器和三维加速度计等均属于体力活动的客观测量方法。双水表法与间接热量测定法的优点在于测定结果较为精准,但成本较高,不适用于大面积调查;心率法的优点是可记录心率变化,以及活动的能量消耗情况,缺点是受试者需在规定范围内进行活动,活动范围受限,无法研究日常活动量;计步器可详细记录活动的步数、时间信息,但无法记录运动强度、运动类型等,如游泳、力量练习或上肢运动等运动形式。相对于上述几种测量方法,三维加速度计在体力活动测量中的有效性经过广泛验证,具有较好的效度与信度,是目前测评体力活动的客观工具中最常用的。其优点是能准确测量受试人群体力

①　WANG Z,LEE C. Site and neighborhood environments for walking among older adults [J]. Health & place,2010,16(6):1268-1279.

②　ROSENBERG D,KERR J,SALLIS J F, et al. Feasibility and outcomes of a multilevel place-based walking intervention for seniors:A pilot study[J]. Health & place,2009,15(1):173-179.

活动强度、时间、频率、能量消耗等信息。王欢等[1]、刘阳[2]、贺刚等[3]对三维加速度计测量的研究前沿、效度进行分析发现,将三维加速度计佩戴于右侧髋部所测得的数据较佩戴于大腿、踝部和足部更为准确。GPS 路径跟踪方法结合三维加速度计是未来研究的一个趋势,它可长期记录受试者的活动位置和活动量,数据更加详尽,可使研究更加深入,有助于研究者探索户外体力活动的时空分布、活动热点等,对建成环境的设计具有重要的研究价值。随着研究的不断深入,近年来有学者采用主客观相结合的方法测量体力活动,这对探索体力活动量对应的活动方式具有重要意义。

(四)健康状况评价方法

基于体力活动影响健康的测量方法主要包括主观测量和客观测量。主观测量多采用自评的方法,具体测量方法包括:综合健康量表 SF-36 及其简化版 SF-12、每日健康量表 HRQOL-4,以及达特茅斯功能健康评价量表 COOP/WONCA Charts。自评健康是受访者根据自己掌握的有关疾病的知识,将以往的经历以及全身各个部位的感觉整合到大脑皮层进行自主判断的复杂过程。自评健康不仅可以反映个体健康状况,而且综合了主客观两方面的健康指标;当对老年人健康状况进行研究时,相对于个体客观身体状况,个体对健康的自我感知往往更准确。自评健康可以提供更多有价值的信息。

学者们为了验证自评健康的合理性,进行了大量研究。Bird 等[4]指出自评健康虽然是被访者主观的健康等级评价,但它与医生"客观的"健康评估有较强的一致性。Lundberg 等[5]长期的追踪调查显示,对于老年人健康的测量,自评健康比医生的健康诊断更加稳定、有效。Jylhä[6]认为,自评健康在反映老年人综合健康水平

---

① 王欢,王馨塘,佟海青,等. 三种加速度计测量多种身体活动的效度比较[J]. 体育科学,2014,34(5):45-50.

② 刘阳. 基于加速度计的身体活动测量研究前沿[J]. 北京体育大学学报,2016,39(8):66-73.

③ 贺刚,黄雅君,王香生. 加速度计在儿童体力活动测量中的应用[J]. 体育科学,2011,31(8):72-77.

④ BIRD C E,FREMONT A M. Gender,time use,and health[J]. Journal of health and social behavior,1991,32(2):114-129.

⑤ LUNDBERG O,THORSLUND M. Resources for health services for the aged could be distributed better. High income reflects better health[J]. Lakartidningen,1996,93(28-29):2606-2608.

⑥ JYLHÄ M. What is self-rated health and why does it predict mortality? Towards a unified conceptual model[J]. Social science & medicine,2009,69(3):307-316.

的同时,能帮助医务人员进行疾病预防和治疗,而且认为自评健康是唯一有价值的个体健康评价指标。Maddox 等[①]认为,自评健康是非常有效的健康测量方法,甚至比实际的医学测量更重要。我国学者齐亚强[②]对自评健康信度和效度进行分析,结果发现自评健康具有较好的信度和效度。综上可知,采用自评健康评价老年人健康状况是有效的、可靠的。

国外关于自评健康的研究较多。1997 年,Shield 等[③]通过探讨生活方式对自评健康的影响发现,过度吸烟、缺乏锻炼、超重都与较差的自评健康相关,而压力过大、自尊心低、自然交流少等,都对自评健康有负向作用。Damian 等[④]针对西班牙65 岁以上老年人的研究指出,年龄、罹患慢性疾病情况、身体机能是影响老年人自评健康的主要因素。人口社会学领域则更关注人口学变量、社会经济地位以及行为因素等对老年人自评健康的影响。Cornwell[⑤]用一个标准化问题让被试者自评身体健康:"你认为你的健康状况是极佳的、非常好的、较好的、一般的,还是很糟糕的?"。Fiori 等[⑥]设置了如下问题:"你如何评价自己当前的健康状况?"5 点计分,从 1(非常糟糕)到 5(极好)。2017 年,Spring[⑦]利用自我评价健康测量老年人健康状况,自我评价为两分法,赋值"1"表示一般或差的自我评价健康,赋值"0"表示优秀、非常好或良好的自我评价健康。

近年来,我国学者逐渐关注自评健康的相关研究。2013 年,中国综合社会调查项目中就有这一问题:"您觉得您目前的身体健康状况如何?"中国老年健康影响

① MADDOX T M, HO P M, RUMSFELD J S. Health-related quality-of-life outcomes among coronary artery bypass graft surgery patients[J]. Expert review of pharmacoeconomics & outcomes researches,2007,7(4):365-372.

② 齐亚强. 自评一般健康的信度和效度分析[J]. 社会,2014,34(6):196-215.

③ SHIELD C F,MCGRATH M M,GOSS T F. Assessment of health-related quality of life in kidney transplant patients receiving tacrolimus (FK506)-based versus cyclosporine-based immunosuppression. FK506 Kidney Transplant Study Group[J]. Transplantation,1997,64(12):1738-1743.

④ DAMIAN J,RUIGOMEZ A,PASTOR V,et al. Determinants of self assessed health among Spanish older people living at home[J]. Journal of epidemiology & community health,1999,53(7):412-416.

⑤ CORNWELL B. Good health and the bridging of structural holes[J]. Social networks,2009,31(1):92-103.

⑥ FIORI K L,WINDSOR T D,PEARSON E L,et al. Can positive social exchanges buffer the detrimental effects of negative social exchanges? Age and gender differences[J]. Gerontology,2013,59(1):40-52.

⑦ SPRING A. Short- and long-term impacts of neighborhood built environment on self-rated health of older adults[J]. Gerontologist,2017,58(1):36-46.

因素跟踪调查(CLHLS)中也存在自评健康问题:"您觉得现在您自己的健康状况怎么样?"若被访者回答"很好""好",则定义被访者为自评健康好;若被访者回答"一般""不好"或"很不好",则定义被访者为自评健康不好。社会学研究者利用中国综合社会调查(CGSS)和CLHLS数据分别探讨了经济地位、社会支持、社会参与、教育程度和社会活动等因素与老年人自评健康的关系,也表明自评健康法能在一定程度上反映我国老年人的健康状态,该方法在此领域的运用在近几年已成为研究热点。自评健康法在我国运用越来越广泛,同时也得到学界的认可。许多学者的研究也证明了健康主观评价与看病次数及死亡率有显著相关性。

另外,健康的客观测量指标依赖于运动医学,主要包括心肺、代谢、身体形态三大模块,具体包括血脂、血糖等生化指标测量,体脂百分比及慢性疾病的检测。客观测量的结果较为准确,但对仪器设备的要求较高,可操作性较低,且很难反映受试者整体健康水平。

虽然这些研究中对健康的评估分别采用自评健康、肥胖程度、心理健康等指标,但未有研究采用综合的健康评估方法。因此,本书采用主客观相结合的方法表示老年人的健康状况,客观指标分别为老年人慢性疾病患病数量(糖尿病、高血压、高血脂)、BMI、认知功能,主观指标为自评健康。

四、研究评述

综上所述,健康和环境的关系研究在许多高度城市化的国家如美国、澳大利亚等蓬勃发展,随着跨学科研究和跨部门合作实践的逐步深入,已是硕果累累。从搜集到的文献资料来看,建成环境和健康的关系研究在国内历时并不长,但随着国家一系列方针政策的出台,跨学科研究和跨部门合作的实践逐步深入,研究成果也日渐丰硕,尤其是最近几年,在城市规划与设计领域出现的一些实证性研究,为我国城市环境建设提供了借鉴。总的来说,研究体现出以下几方面的特点。

(1)在研究内容上,以交叉学科研究为主,研究内容越发深入,研究结果为城市建成环境的优化和改造提供了科学依据。其中,对建成环境的研究从单一指标(如步行指数或土地利用混合度或可步行性)转向多元指标(如商业设施密度、街道连通性、坡度、公交站点密度、娱乐设施密度、绿色空间等)。近几年的研究逐渐开始验证建成环境对健康的影响路径,并发现日常活动、出行方式、出行时间等可能存在潜在影响的中介机制。部分研究也检验了建成环境对居民健康影响的中介效应,验证了部分建成环境对健康的作用机制。

(2)在研究手段上,早期对建成环境的测量主要采用访谈、量表的方式(如社区环境步行性量表),以主观测量为主。近年来,随着科技的不断进步,GIS被逐渐运用到建成环境的测量上,使建成环境测量更加准确;对健康的测量由主观测量(如自我报告健康状况、自我报告体重身高等)向主客观测量相结合转变(如自我报告健康状况与慢性疾病患病数量结合等)。

(3)在研究方法上,从定性研究向定量研究转变,从横断面研究向纵向研究转变,从相关分析向回归分析再向结构方程模型转变,研究方法日益多元。

总之,人居环境与健康关系研究的对象多为欧美等发达地区和国家,以我国这类正在迅速城镇化且人口基数较大的发展中国家为背景的研究相对较少[1]。虽然学者们早就注意到了人居环境对体力活动和健康的影响,并纷纷对其进行理论模型构建和实证研究,但在研究内容和方法不断完善和成熟的趋势下,仍存在以下几个方面的不足。

(1)人居环境指标体系中缺少环境感知指标和体质健康因素。国外的人居环境指标中除了人居环境的常用指标,城市建设环境、社会环境以及环境健康也是非常受重视的内容,但指标中大都是客观的量化指标。人居环境中主体人的感受不容忽视,而人居环境指标体系中少见人类环境感知的指标,不能充分地评价环境的优劣。从国内的研究来看,人居环境的评价中并没有包含体质健康的因素。

(2)国内人居环境与体质健康研究缺少实证分析。我国对于人居环境与体质健康关系的研究没有明确的理论体系、成熟的研究方法等,且以综述类研究为主,将空间结构与公共健康相结合的实证分析极为有限,难以在实践中形成建成环境的优化策略。虽然现在很多学者都意识到人居环境和人体的健康息息相关,但研究多是从城市建筑学设计和建设的角度出发,进行单层面的、非系统的研究。主动式健康干预实证研究虽然得到我国学者的关注,但体育学领域对于建成环境如何主动干预人群健康的研究寥寥无几,尤其是关于如何通过城市社区建成环境设计的优化对体力活动进行干预,以达到促进人群健康的目的的研究较少。

(3)建成环境对健康作用路径的研究有待深入。虽然大量的研究探究了建成环境与健康、体力活动的关系,但由于缺乏探究建成环境诸因素对老年人健康的作用路径,目前仍没有切实的证据能证明改善建成环境能够促进老年人健康水平的提高。具体来说,首先,建成环境本身对健康的影响就可能是多维度的,诸因素之间可能相互矛盾,一些建成环境因素能促进老年人健康,而另一些则可能有害于老年人健康;其次,前人的大多数研究只关注建成环境对健康影响效应的显著性,而忽视了建成环境对健康的中介作用,尤其是直接效应和中介效应不显著且相互促进时将有可能观测到显著的总效应,或直接效应和中介效应相互抵消时将观测到不显著的总效应,只关注总效应时就会失去内部作用机制,同时可能夸大或缩小建成环境对健康的影响。

---

① 郭睿. 社区建成环境对中国城市儿童青少年肥胖的影响[D].上海:华东师范大学,2020.

(4)促进人群健康的人居环境优化模式亟待探讨。我国健康领域与城市环境学科的交叉研究尚处于萌芽阶段,涉及健康问题的促进模式或导则鲜有被官方提及和讨论。学界也仅有少数学者对欧美国家健康相关环境设计导则进行介绍性研究。在"健康中国"背景下探究促进人群健康的人居环境模式,将健康的设计理念融入政策、管理和规划设计中,强调通过环境设计积极地影响老年人生活状态,进而主动地干预健康,能为国内促进人群健康的建成环境设计提供积极有意义的借鉴。因此,本书在探索人居环境对个体健康、体力活动作用路径的基础上,构建促进个体健康的建成环境优化模式,以期起到辅助决策的作用。

在城市化高速发展的背景下,当前的全球公共健康趋势进一步促进了建成环境和体力活动关系的研究,尤其是近年来,建成环境与体质健康研究取得了较大进展,此领域的研究出现了多学科综合研究的局面。随着研究的不断深入,相关的研究方法和研究内容将更趋于成熟和完善。虽然建成环境和健康的关系研究在国内历时并不长,类似的实证研究和实践项目的健康影响评估仍然相对缺乏,但其重要性开始凸显。大量的研究都已经证实了建成环境在改善和促进体力活动、进一步增强人群健康方面具有重要的价值与意义,因此通过改造建成环境引导健康的生活方式逐渐成为国际城市规划新的理念,以建成环境为切入点进行体力活动支持型城市建设,将会成为应对慢性疾病挑战的重要策略,相信该领域的研究必将在我国城市化进程中为促进公众健康发挥积极的指导作用。

第三节　健康导向型人居环境的本质解读

一、健康本质的重新解读

(一)健康本质的认识历程

健康是伴随人类发展的永恒主题。随着人类社会的快速发展,人类对健康问题越来越关注,对健康的理解也发生了很大的变化,健康的含义也更为深化。过去,人类主要从医学的角度来认识健康,在不同时期形成了不同的健康观念及相应的医学模式,包括神灵主义医学模式、自然哲学医学模式、机械论医学模式、生物医学模式、社会医学模式及"生物—心理—社会医学"模式等几个阶段[1],不同的医学模式反映不同历史阶段的人类体质观,以及健康发展的特征、水平、趋向和目标。

---

① 张文昌.社区全科医学概论[M].北京:科学出版社,2002.

认识健康的过程,是一个从愚昧混沌到科学理性的过程,是一个从狭隘粗浅到广泛邃深的过程。

在神灵主义医学模式阶段,人们对自然的认识还很粗浅,认为生命和健康是神灵所赐,健康问题需要懂得巫医、巫术的人才能解决;在自然哲学医学模式阶段,即约2500年前,人们对自然界有了一定的了解,但是过于崇尚自然,这时期形成了一些粗浅的健康学说;在15—16世纪的机械论医学模式阶段,人们对身体结构有了比较深入的了解,形成了血液循环等比较科学的健康学说,但是受"机械论"思想的影响,人们认为生命活动也是一种机械运动,保护健康就等于维护机器;到了生物医学模式阶段,受系统论的影响,人们站在一个相对理性的角度认识了人类的肌体,诞生了一系列的相关学科;到19—20世纪的社会医学模式阶段,人们认识到了环境对健康的影响作用,开阔了医学诊断和防治的视野;20世纪40年代以来,人类的疾病谱和死亡谱发生了根本性的变化,以系统论、整体论的观点来认识人类健康问题已经成为当今世界防治疾病、保持健康的迫切需要。一种超越传统生物医学模式的新模式——"生物—心理—社会医学"模式正指导着人们全面客观地认识健康问题。

(二)健康概念的最新阐释

"生物—心理—社会医学"模式是一个大生态的医学模式,在此模式的指导下,健康概念扩展到了一个更加广阔的领域。为此,WHO对"健康"作了定义:"健康是一个包括生理、精神和社会安康的完整状态。"[①]可见,健康是生命的完好状态,是机体与内外环境的动态平衡,不仅包括躯体健康,还包括同样重要的精神健康和良好的社会适应性。这个定义从三个维度衡量健康的水平,是"生物—心理—社会医学"模式在健康概念中的具体体现,促进了健康运动的迅速发展。

如今,社会学界从三个方面理解健康概念:①健康水平(health level),疾病和健康是一个连续状态,而非WHO强调的两种极端的情况,因此,使用健康水平衡量个体的实际健康状态较为恰当;②健康维度(health dimension),健康已由原来的单一维度发展到了今天的七个维度(躯体健康、情绪健康、理智健康、心灵健康、社会健康、职业健康、环境健康),各个维度相互作用,相互影响,使个体处于不同的健康水平;③整体健康(holistic health),影响健康的所有维度整合构成个体的整体健康[②]。

---

① World Health Organization. Ottawa charter for health promotion[EB/OL]. [2021-09-10]. https://apps. who. int/iris/handle/10665/53166.

② 白皓文. 健康导向下城市住区空间构成及营造策略研究[D]. 哈尔滨:哈尔滨工业大学, 2010.

(三)健康概念的多重属性

从对健康概念理解的发展历程来看,对健康本质的解读越来越深入、细化,在大生态的医学模式下,健康是一个综合的概念,体现了综合的属性特征①(图 2-8)。

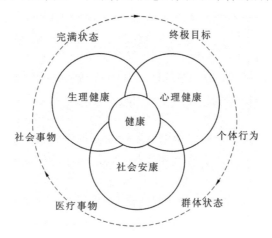

图 2-8　健康概念的多重属性

1. 健康是医疗事物,也是社会事物

现代医学是从生物医学的基础上发展起来的,人类健康的生物属性是健康理解的基础。一方面,生理健康是人们健康的基础,生理的健康与疾病都可以通过医疗手段进行检测,因此,健康是医疗事物;另一方面,在"生物—心理—社会医学"模式下,对"健康"的理解不局限于此,而是扩展到社会的层次,人作为社会的人,健康水平受社会因素的影响越来越大,其结果对人体的生理、心理健康和社会适应有连锁的反应,健康的社会属性也体现得越来越明显。

2. 健康是个体行为,也是群体状态

我们探讨健康的基本概念,往往是针对个人的健康而言的。个体的健康是人类健康的根本,但是随着社会的发展,对健康的理解范围逐渐扩大,个人的健康仅仅是人类健康的基本单元,健康与疾病已不是简单的个体表现,而更多的是受群体的影响,尤其是在人的心理健康和社会适应能力两方面,健康的社会性更强。"生物—心理—社会医学"模式下的"健康"强调群体状态,健康的人群才能促进社会的进步,人类保护健康和防治疾病已不单是个人行为,而是群体状态。

---

① 张文昌.社区全科医学概论[M].北京:科学出版社,2002.

3.健康是一种完满状态,也是终极目标

当健康概念扩展后,处于完满状态的健康并没有一个可检测的评判标准,而对于今天的社会人来说,或多或少都存在不同的健康问题,因此,健康是一种相对的状态,但是"生物—心理—社会医学"模式提出了由疾病防治到促进健康的全面综合概念,是一个"大卫生"的概念,在这种概念下,健康不是相对的,而是一种完满状态,是绝对的健康。但现实和理想总是存在着差距,人们在不断地追求健康完满状态的过程中,健康成为人们奋斗的最终目标,而实现健康就是一个不断促进健康的过程,是一个养成健康的生活方式的过程。

(四)本书涉及的健康内容

1.主体的健康需求

(1)生理健康需求。人的生理健康有三方面的需求,首先,大环境要清洁无污染。其次,提高免疫力和增强体质都需要体育锻炼,这对健康的形成有着重要的作用。最后,当人们机体不健康了,或者有意识地预防疾病,就需要社会提供健全的高质量的医疗卫生服务。透过现代城市规划的演变历程可以发现,早期城市步行空间的出现主要是为了改善拥挤、阴暗、污染严重的环境,以满足人的基本生理健康需求。通过规划与设计,保证社区有干净的空气、舒适的阳光和健康的公共空间,改善城市环境和公众健康。可见,人们对环境基本的生理健康需求主要体现在空气、光和公共空间三个方面。随着交通的发展,城市形态、布局设计和交通量与道路交通事故的严重程度有着明显的相关性[1],出行安全成为居民重要的生理健康需求。我们从人的需求来分析,物质空间的规划可以帮助满足许多需求,因此,需要将城市规划作为健康城市建设手段,打造一个能够促进人类健康体魄、积极心态和健康行为形成的现实物质空间。

(2)心理健康需求。首先要拥有良好的教育,才能在生活中有积极和端正的心态,如此才能有意识地获取健康知识以促进健康。其次要有端正和平和的心态,在人与人的交往中得到尊重和肯定才能拥有这种心态。从这一层面讲,塑造健康的社区关系和形成健康的社区交往网络是重中之重。最后要有完善的基础设施。当人们产生了压抑和紧张的心情时,应该及时调整,在压力释放和调整心态方面,休闲娱乐设施起着重要作用。

根据需求理论,心理健康需求涵盖多方面的内容。马斯洛需求层次理论表明,基本生理需求得到满足之后,心理需求是逐级递增的。对安全感的追求是人类健

---

① 肖扬,萨卡尔,韦伯斯特.建成环境与健康的关联:来自香港大学高密度健康城市研究中心的探索性研究[J].时代建筑,2017(5):29-33.

康需求中最基本也是最重要的一部分,除了要求环境本身安全,更重要的是私密或开放的环境给人的心理庇护;在保证了心理安全以后,人居环境需要满足居民的视觉审美和心理舒适需求,健康、优美的环境总能为鼓励人们进行户外活动增添说服力,绿化景观可以使人快速地记住环境的特色,舒适的步行道可以舒缓行人内心的压抑情绪,安全无障碍和光照条件良好的空间场所可以使行人在活动时充分感到被尊重;心理需求还在于自我价值的实现,可以通过自我选择和与他人交往来满足。人们总是根据兴趣来选择自己喜爱的活动,如果人居环境具备相应的设施支持,那么居民的心理满足程度会大大提高。如果个体的行为在与他人的交往中得到群体的正向反馈,那么个体就会由此获得归属感和认同感,巩固自信。

(3)社会健康需求。社会健康是在保持生理机能与心理状态良好的基础上,人们对融入社会群体的需求与城市空间环境保持和谐关系的一种体现,是在满足生理和心理健康需求的基础上,对社交和活动提出的更高需求①。良好的城市公共空间环境是社会健康依托的载体,为促进健康行为的发生提供了良好且必要的物质空间条件。社会健康与人之间的互动息息相关,互动能促进社交行为的发生,良好的空间尺度和充满活力的空间为社交提供了良好条件,使得人们身心愉悦。因此,社会健康需要正常的社会交往。人是社会活动的主体,人居环境承载着人们一系列的社会交往活动。正常交往需要满足多样化的人群和空间需求,这就要求人居环境设计既要满足个人活动需求又要充分考虑个人与社会之间的关系,不仅要从设施和空间两个层面为不同年龄层次的使用者提供可以参与社会活动的便利条件,还要综合考虑不同人群的行为特征和心理需求,从设计层面着手,尽可能满足人们生理、心理、社会方面的综合需求,满足通用化需求。

从各时期人群的健康需求和健康的层级分析来看,人群对健康的需求是多方面的,而且是从个人扩展到整个社会范围的,每种分析中的每个健康影响因子都对健康起着重要的作用,因此,在将城市规划作为建设健康城市的手段时,不仅要从个体健康方面考虑,而且要从更广阔的社会层面来进行规划和统筹②。综上所述,在健康需求方面,我们应该正视社会网络中的人的健康的复杂性,从健康形成的心理和生理基础进行剖析,从生活的不同层面,包括从个人生活层面到社会网络再到整体城市环境进行综合性考虑,以最终的、理想的健康状态为目标,即以形成良好的健康行为和生活方式为建设目的。

2.主体的健康行为

健康需求需要健康行为来满足,健康城市理念下的人居环境设计强调发挥人

---

① 严忠浩,徐爱华.心理与养生[M].上海:上海大学出版社,2002.

② WHO Healthy Cities Project Office. City Planning for Health and Sustainable Development[M]. Copenhage:WHO Regional Office for Europe,1997.

居环境的健康导向作用,在改善空间品质的同时促进居民健康、积极生活。透过健康城市的内涵可以发现,积极生活方式的提出其实是相对久坐、小汽车出行和缺少交往活动等这些普遍存在的生活现象来讲的,可以把此三类生活方式归结为低强度体力活动的生活方式。倡导积极的生活方式,实际上就是要改变这三种生活状态,形成健康、积极的生活方式。要促进健康、积极的生活方式的形成首先需要了解人居环境空间中人的行为。扬·盖尔在《交往与空间》中将城市中的活动分为必要性活动、自发性活动和社会性活动三类。观察表明,在低质量水平的公共空间中,除了必要性活动,很少有其他行为发生;但在高质量的公共空间中,不仅必要性活动的时间会得到延长,散步、游憩等自发性活动的发生频率也会增加,交流、聚会等社会性活动也会随之发生①。基于此,结合实地调查和文献研究,本书把城市居民的健康行为总结为通勤活动、游憩活动、交往活动三类,同时对特殊人群活动进行分析,以便在人居环境规划中开展通用化设计。

(1)通勤活动。通勤活动是步行空间中的必要性活动,是步行空间中的基本活动类型。通勤活动受人的步行距离的影响较大,比如最理想的步行距离为500m,步行出行的最大距离因人而异,基本在1200~3000m;尽管舒适的空间环境可缩短住宅与目的地的心理距离,但当实际距离超过1500m时,仍然会产生疲劳和厌倦。因此,基本生活单元中各类设施的分布和交通换乘点的设置对于通勤活动具有重要意义。

(2)游憩活动。游憩活动具有较强的自发性,是保持城市活力不可或缺的重要组成部分。首先,在城市环境空间中,公众会根据自己的主观意愿产生散步、跑步、驻足、休憩等行为,且行为方式根据需求自行转换。其次,休闲活动跟空间特征的支持有着很大的联系,例如半围合的空间容易形成人们休憩交谈的场所,在布置了座椅设施以后,人们走到该空间便会自发地坐下休息。最后,视觉导向和从众心理是使休闲活动向交往活动转变的主要因素。其原因是个体活动行为在视觉导向下易被有趣的空间活动或景观环境吸引,朝吸引点行进;而且从众心理可以激发有共同志趣的群体在公共空间聚集并开展群体活动的意愿,人们在不知不觉中开展交往活动,所以无论是在举办活动的广场上还是在街边下棋的空间旁,总是聚集着大量人群。

(3)交往活动。交往活动具有社会属性,是群体性的活动,如聊天,玩棋牌,聚餐,街头表演,销售,举办集会、展览、商演等。按照主导因素不同可以分为居民文化活动和商业生活活动。聊天、玩棋牌等都是居民生活活动,由具有共同志趣的群体组织。商业文化活动则由政府或者企业主导,此类活动阵势较大,通常在开敞的

---

① 盖尔.交往与空间[M].4版.何人可,译.北京:中国建筑工业出版社,2011.

空间举办,如集会、商演、展览。交往活动是居民的需求,也是步行空间活力的表现,如果缺乏了交往活动,人就如同行走的机器,导致街道空间氛围低沉。交往活动在城市街道空间中具有不确定性,例如陌生人之间的交流通常没有固定的地点、时间和参与者,它往往在特定的时间、地点由外界因素诱发而产生。

(4)特殊人群活动。儿童的健康成长越来越受到关注。儿童在不同年龄段具有不同的行为特点,幼龄儿童(6 岁以前)处于环境认知的阶段,需要监护人的保护和陪同,以行走、求知和玩耍行为为主,社会活动主要围绕同龄儿童及监护人进行。适龄儿童(6~12 岁)在城市步行空间中主要进行必要性活动和社会性活动,此年龄段的儿童精力旺盛,运动量大,易结伴而行。相关研究表明,受男女心理状态差异的影响,男生易对垂直空间的攀爬感兴趣,易发生冲撞;女生对平面空间更感兴趣,对安全要求较高①。

户外活动场地作为儿童日常生活的重要场所,是让儿童释放玩乐天性、自由玩耍、感受自然、认知自然、接触社会的社会化空间。1992 年,联合国儿童基金会纽约会议上首次提出"儿童友好"概念,即对儿童友爱,儿童有权利享有健康的、被保护的、能受到关心的、能得到教育的、令人鼓舞的、没有歧视的、有文化氛围的社会化环境,主张把少年儿童的需求、权利放到城市规划政策的核心位置。构建儿童友好型公共空间不仅有利于儿童的健康成长,而且能满足以儿童为切入点、综合社区内其他群体的行为心理需求,促进空间中更多人的活动产生,增强儿童活动的活力。

随着社会老龄化程度越来越高,国家实施积极应对人口老龄化的战略,以推进老年友好社会建设。通过对城市人居环境空间的观察可以发现,老年人的行为以自发性活动为主,其中又以散步为主,随着身体状况变差,参与社会活动的老年人数量也会逐渐变少。与其他年龄段的人群相比,老年人更注重安全感及个人空间的私密性,渴望归属感,喜欢邻里感,需要舒适感,尤其是子女不在身边的空巢老年人更渴望与人交流和沟通。因此,老年人公共活动空间必须针对老年人心理、生理特点及行为习惯特征进行设计,以更好地满足老年人在居住环境、日常出行、社会参与、精神文化生活等方面的需求。

另外,残障人士作为社会的另一弱势群体,目前在人居环境空间中的主要行为活动就是通勤,因为某些方面的障碍降低了其参与社会活动的能力,若无看护人照顾,通常不方便出门,故较少与人交谈,而适当的空间环境和街道活动有利于其身心健康。这就要求城市街道空间提供更多的无障碍设施来增强空间可达性,提供

---

① 任泳东,吴晓莉.儿童友好视角下建设健康城市的策略性建议[J].上海城市规划,2017(3):24-29.

适当的空间并组织特定活动来给予行动不便的老年人及残障人士参与社会性活动的机会,使其正常地融入社会生活。

二、健康城市理念解读

城市发展可以创造经济效益和价值,但是它也带来了许多影响人身体健康的不利因素,这使得人们对健康生活更加渴望,这种渴望促进了健康城市理念的产生。1984 年 WHO 在健康多伦多国际会议上率先提出"健康城市"的概念,并且在《渥太华宪章》提出的"健康在于促进"理念之上引申出健康场所(healthy settings)的全新健康促进途径,即"健康是可以通过精心设计和维护城市环境获得的"。

(一)理念内涵:生命体理解

1.城市生命体理解

健康城市从字面来理解是"健康的城市",将城市视作生命体,将城市健康比拟为人的健康。这种理解是将城市的健康作为研究的对象,研究如何预防"城市病"和医治"城市病"。现代城市在发展中产生了许多"城市病",这些"城市病"突出表现为环境污染、疾病流行、交通拥挤、生活紧张、社会问题突出、居住条件恶劣、基础设施薄弱、城市灾害频繁等,其中,环境污染与疾病流行是城市化发展对城市健康造成影响的最直接的负面因素。将城市作为生命体的健康城市研究以解决城市发展的主要矛盾为研究内容。WHO 指出,健康城市的内容包括城市社会健康、城市环境健康和城市人群健康三部分,内容相互交织成为城市发展建设的相互制约因素[①]。因此,对城市问题的研究就分成了以下三个层面。

在微观层面上,城市建设注重城市环境健康。这包括城市本身空间环境品质打造、城市细节打造、城市生活出行多样化、城市公共安全、城市资源承载和城市服务设施便利等,使城市功能健全和运行良好。在中观层面上,注重社会公平与和谐。考虑社会学、心理学等多学科内容在城市发展建设过程中的交叉,包括传承文化,营造和保持人文氛围,侧重加强社会凝聚力、保持城市生活传统脉络、缩小城市贫富分化、促进社会公平等内容。在宏观层面上,着眼于区域协调,注重城市在运营、发展、更新过程中与区域的关系;建立城市发展联盟,注重城市交流、互动和资源拓展,使城市拥有健康的发展潜力和健康的发展方向。可见,城市生命体的理解涵盖了城市发展的所有方面,并提出了城市发展的三级策略,从建设层面上为城市的整体发展指明了目标和方向。

---

① World Health Orgnization. WHO healthy cities:A programme framework, a review of the operation and future development of the WHO healthy cities programe[C]. Geneva:WHO, 1994.

2.人类生命体理解

WHO 对健康城市的定义是:"健康城市应该是一个不断创造和改善自然环境、社会环境,并不断扩大社会资源,使人们在享受生命和充分发挥潜能方面能够得到互相支持的城市"。WHO 在《渥太华宪章》中指出,"健康促进是促使人们提高控制和改善健康的全过程,以至达到身体的、精神的和社会的完美状态,确保个人或群体能确定和实现自己的愿望,满足自己的需求,改变或处理周围环境"[①]。复旦大学公共卫生学院傅华教授等提出了更易被人理解的定义:"所谓健康城市是指从城市规划、建设到管理各个方面都以人的健康为中心,保障广大市民健康生活和工作,成为人类社会发展所必需的健康人群、健康环境和健康社会有机结合的发展整体。"[②]

从以上定义可以看出,健康城市的建设以人的健康发展为最终目标,强调通过城市建设的各种手段来促进人的健康,并且在人类的健康塑造的方式方法上突破了原始的健康、医疗救助等概念内涵,提出"人们居住在健康的城市时,应该享受与自然的环境、和谐的社区相适应的生活方式"[③]。这一概念从强调健康促进等理念的表述逐渐演变为既注重公共卫生体系,又强调与非公共卫生体系合作的包容性概念。

实际上,解决了"城市病"问题也就间接地促进了人的机体健康。这一点可举例说明:交通堵塞是城市弊病,会延长人们的出行时间,增加废气呼入量和交通事故率,会导致机体的不健康症状,解决城市的交通堵塞问题能减少交通危机对人的健康的威胁。环境污染会导致人们在生活中吸入有毒空气、饮用不健康水源和吸入粉尘等,影响人类机体健康状态,治理城市环境污染解决了城市健康发展的问题,从而也使人类健康得到了保障。这些例子都可以充分说明城市健康与人类健康的关系。对健康城市而言,无论是城市生命体理解还是人类生命体理解都是正确的,促进人类的健康生存才是健康城市建设的出发点和最终落脚点。

(二)关键因素:城市环境

健康的影响因素包括行为因素和环境因素,行为因素主要指健康的生活方式,环境因素主要指人们赖以生存的生活环境。随着环境心理学的进步,学者们逐渐发现生活环境问题才是许多健康问题的根源。学者 Dahlgren[④] 通过构建模型把健

---

① World Health Organization. Ottawa charter for health promotion[EB/OL]. [2021-09-10]. https://apps. who. int/iris/handle/10665/53166.

② 央广网.专家谈健康城市:仅靠个人改变生活方式远远不够 要将健康融入政策措施[EB/OL]. [2019-12-11]. http://news. cnr. cn/dj/20191211/t20191211_524892951. shtml

③ 周向红.健康城市国际经验与中国方略[M]. 北京:中国建筑工业出版社,2008.

④ 陈柳钦.健康城市建设及其发展趋势[J]. 中国市场,2010(33):50-63.

康的决定因素分为年龄、性别和遗传因素,个人生活方式,社会与社区网络,生活与工作条件,以及整体社会经济、文化环境五个圈层[图 2-9(a)],各个圈层的因素逐层向内作用于人的健康状况。处于中心位置的是年龄、性别和遗传因素,其外有四个等级。第一级是个人生活方式,包括自我的生活习惯。第二级是社会与社区网络,强调人的社会性,人处于社会交往的网络中,需要进行积极的互动。第三级是生活与工作条件,也是从社会的层面谈及城市建设给人的心理和生理带来的影响,强调心理方面应该得到尊重和认可,在生理方面应有便利和优质的健康服务条件。最后一级是整体社会经济、文化环境,主要影响因素有环境清洁、资源丰富、社会稳定和经济富裕等。

随后,WHO 原执行理事 Hugh Barton 等人[1]在“健康决定因素”模型的基础上,应用生态学方法构建了影响人类健康的人居环境“圈层”模型[图 2-9(b)],社区、地方活动、场所、自然资源四个圈层共同构成了影响健康的人居环境,并且任一圈层的变化都会对相邻两个圈层产生联动作用,从而影响人的健康和幸福。

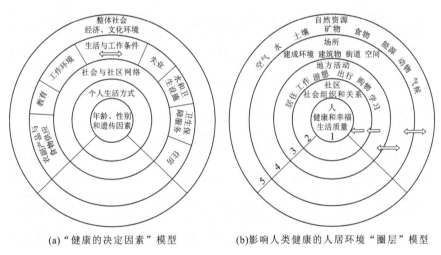

(a)“健康的决定因素”模型　　　(b)影响人类健康的人居环境“圈层”模型

图 2-9　公众健康的影响因素

(三)核心思想:健康促进

健康城市理念的核心思想是“健康促进”,即通过相应措施或者渠道使公众明白自身的状态或者健康需求,从而促使他们采取改善健康状况的行动。关于“健康促进”的权威解释出自《渥太华宪章》:“健康促进是促使人类维护和提升他们自身健康状况的过程。”随着各界对“健康促进”内涵的补充,《美国健康促进杂志》给出

---

① 陈柳钦.健康城市建设及其发展趋势[J].中国市场,2010(33):50-63.

的定义是,"健康促进是通过帮助人们改善其生活方式来达到最佳健康状况的科学。最佳健康包含了身体、情感、社会适应、心理和智力的全面健康。生活方式的改变可受到提高认知、改变行为和创造支持性的环境等三种途径的共同作用",并且还特别强调了"支持性的环境是持续改善健康状况的重要因素",应该创造支持性的环境来改善健康状况。其中,创造支持性的环境直接肯定了环境和空间设计对于健康行为的促进作用。

(四)重要手段:空间设计

1984年"2000年健康多伦多"国际会议后,利用空间设计来改善公众健康的方法被人熟知。欧洲的"健康城市"项目从1998年开始更多地关注城市空间设计对公众健康生活的影响。随后美国以提高美国人的身体活动水平和促进形成积极的生活方式,减少肥胖、呼吸病等非传染性慢性病为目的而发起的"设计下的积极生活"计划更是重点强调了空间设计的健康效益,并通过环境设计与公共政策的结合出台了一些空间设计指引[①]。该计划也是全球首次通过多学科、多部门的交流合作来共同探讨健康问题,其中城市空间设计作为落实健康理念和公共政策的关键手段,发挥了重要作用。随着建成环境与体力活动关系方面的理论研究与实践逐渐增加,城市空间设计在促进健康行为方面的作用日益显著。

(五)理论机制:行为改变

健康城市理念强调由健康人群组成的健康主体,主体在明晰影响健康的要素后,主动改善影响公众健康的环境客体以形成健康环境,改善并促进公众健康,进而实现健康社会、健康环境、健康人群的有机统一。

考虑到城市规划与设计手段对公共的健康效用主要表现为环境要素对环境改善、人的行为习惯培养以及心理健康的促进,可总结出城市规划与设计对公共健康产生促进作用的两个路径:一是消除和减少具有潜在致病风险的建成环境要素;二是推动健康低碳的生活、工作、交通和娱乐方式,即促进体力活动[②]。

可以通过消除不利于公众健康的影响因素,改善物质环境健康状况。如:卫生状况差的步行空间可以通过清理易致病的物品并消除致病因子来改善;空间质量差的步行空间可以通过改变尺度、增加设施、增加绿化来改善;而对于人们的健康行为,特别是促进体力活动,由于影响因素较为复杂,单纯改变环境无法实现。

关于促进健康行为的影响因素,可参照行为改变理论学者劳伦斯·格林

---

① 刘滨谊,郭璁.通过设计促进健康——美国"设计下的积极生活"计划简介及启示[J].国外城市规划,2006(2):60-65.

② 王兰,廖舒文,赵晓菁.健康城市规划路径与要素辨析[J].国际城市规划,2016,31(4):4-9.

(Lawrence Green)和马歇尔·克罗伊特尔(Marshall Kreuter)提出的 PRECEDE-PROCEED 模式,又称"格林模式"。如图 2-10 所示,该模式在综合已有理论关于行为影响因素论述的基础上,将改变行为的影响因素归结为三个因子,分别为倾向因子(predisposing)、强化因子(reinforcing)和促成因子(enabling)[1]。在现实生活中,可采取环境设计、健康教育、政策引导或案例示范等适当措施作用于三个因子来引导人们健康行为的发生。

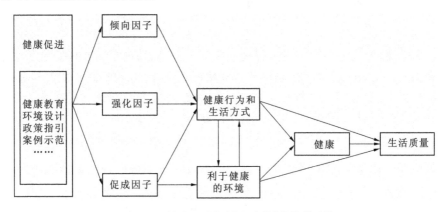

图 2-10　健康促进规划设计的"格林模式"

综上,健康城市是一个被重新解读的城市,即城市不仅仅作为一个经济实体存在,而首先是一个人类生活、成长和愉悦生命的现实空间[2]。在这个空间中,实施建设的是人类,承担建设后果的也是人类,因此人类在城市中既是实施的主体也是实施结果的承担主体。应将健康看作日常生活的资源,而不是生活的目标,健康是一个积极的概念,它不仅是个人素质的体现,也是社会和个人的资源[3]。健康城市的建设从某种程度上说是一个立足长远的建设,它的内涵随着认识的深入拓展到城市建设的各个领域,在从健康服务、健康环境和健康社会三个方面进行目标明确的建设后,最终的落脚点为形成健康的人群,这种健康包括高素质、拥有强健体魄和良好心态,此类人群反过来又能高水平、高效率进行促进城市发展的各项建设,从而形成一个良性的城市建设的循环机制。

通过对健康城市理念的解读还可以发现,健康城市理念的落实离不开城市空间设计的参与,利用设计手段改善生存的物质环境,可使人们对周围环境的印象有所改观,提高人们参与日常活动的意愿并促成日常锻炼行为的发生,进而养成健康

① 董晶晶. 基于行为改变理论的城市健康生活单元构建[D]. 哈尔滨:哈尔滨工业大学,2010.

② 梁鸿,曲大维,许非. 健康城市及其发展:社会宏观解析[J]. 社会科学,2003(11):70-76.

③ 傅华. 现代健康促进理论与实践[M]. 上海:复旦大学出版社,2004.

的生活方式,形成良性循环。为了实现这一目标,本书将健康城市理念用于指导城市健康人居环境的规划设计,希望通过有利于健康的城市空间营造策略,在改善城市空间环境品质的同时促进健康行为的发生。

三、健康导向型人居环境解读

(一)人居环境的健康角度认识

1974 年,在"生物—心理—社会医学"模式的基础上,布卢姆(Blum)提出了环境健康医学模式,认为环境、遗传、行为和生活方式及医疗卫生服务等四个因素影响着人们的健康,并认为环境因素、行为和生活方式,对人们健康心理和体质方面的影响最大[1]。这种模式较好地概括了人类健康与城市空间之间的关系,由此可见,人类的健康与其所居住的环境之间存在着必然的联系。

1.人居环境是健康与环境的统一体

健康是一种状态,是一个终极目标。健康目标的实现有赖于健康行为活动的发生和健康生活方式的形成,这是促进健康、实现健康状态的过程。行为科学的研究表明,行为活动的发生与人自身的活动需求和活动发生的场所相关,空间作为行为活动发生的主要场所,是基础和媒介。20 世纪 30 年代,研究群体行为的心理学家勒温提出了人的行为与环境的理论表达式:

$$B=f(P,E)$$

式中,B 代表人的行为,P 代表人,E 代表环境。此公式表明,人类行为是人的内在需求与空间环境共同作用的结果,环境与人的行为之间有着复杂的关系,人的行为会受到空间环境的影响,人可以能动地接受环境的影响,人也会为了满足自身的需求通过行为改变环境,可见,人的行为和所处的空间环境是一种相互影响的关系。

我国学者对影响我国居民健康的 8 种主要疾病及其成因的分析也证明了人的行为是影响健康的主要因素,许多重大的疾病都是由人的不当行为引起的,而行为受空间环境的直接影响。

据此可知,人们的健康行为与空间有着必然的互动关系,即健康空间引导健康行为,健康行为影响着空间塑造。作为城市最主要的空间结构单元,人居环境是人们产生行为的主要场所,它必然体现人们生活的健康价值取向。在亚健康的威胁下,人们对健康的需求与日俱增,对住区环境的健康也提出了更高的要求。住区环境的内涵也绝不仅仅是城市地域空间内某种功能建筑的空间组合,而且是人们健

---

① 张文昌.社区全科医学概论[M].北京:科学出版社,2002.

康生活、居住活动相整合而成的健康环境系统,是人与健康环境之间的双向互动的连续过程。

　　2.人居环境是健康生活方式形成的基本单元

　　西方哲学家认为,住区是人们的"存在立足点"。作为最基本的活动单元,住区环境空间承载了居民的大部分活动,是居民生活方式的体现。环境空间类型的多样化是生活类型多样化的反映。因此,住区环境空间塑造的核心在于以不同的形式去反映和引导不同的生活方式。阿瑟·梅尔霍夫曾经说:"住区设计并不是为了形成更多漂亮的建筑物、更有趣的景象和更加吸引人的景点,住区设计实质上是调动当地住区居民,塑造他们美好的未来。"①因此,住区环境空间反映的不是过去或可预测的环境,而是未来的生活方式。住区环境蕴含的空间意义必须符合居民对未来生活的理解和向往。

　　随着科学的进步,人类的医疗技术越来越发达,但人们的健康水平却似乎并没有越来越好。那么,到底是什么因素影响着我们的健康呢? 根据科学家的调查研究,人们自身的生活方式是影响健康最主要的因素,良好的生活习惯可以促进健康。所谓生活方式是指日常生活领域的活动形式与行为特征。健康的生活方式,即日常生活领域的健康活动,是一种健康的生活模式。住区环境空间是人们进行日常活动的基本场所,是人们进行日常健康行为活动的场所,也是培养健康生活方式的第一阵地。因此,人居环境空间是健康生活方式形成的基本单元,是人们养成健康生活习惯的第一阵地。

(二)人居环境的健康转变趋势

　　从人居环境规划思想和形态的发展来看,从计划经济时代的居住单元,到改革开放后个性化、多元化的城市住区,"居者有其屋"正在向"居者优其屋"发展,居住物质条件的大为改善使人们得以追求更高层次的居住环境的人文质量。总的来看,我国将逐步进入后工业时代,住区建设越来越关注人的需求,以人的需求作为唯一的出发点。"健康是人生最大的财富,也是最基本的权利。"当快速城市化和工业化的后遗症威胁到我们的这项基本权利的时候,我们应该主动去捍卫它。由此,人们对健康的需求和愿望更加强烈。从健康的角度看,人居环境的健康发展趋势主要表现为以下三个转变。

　　1.从"无损健康"到"有益健康"

　　"无损健康"是在人居环境恶化的基础上提出的,其于此概念的空间塑造原则是指人居环境空间的构成和组织以不损害居民的健康为目标。在这种设计目标

---

① 梅尔霍夫.社区设计[M].谭新娇,译.北京:中国社会出版社,2002.

下,人居环境与住区居民的关系是被动的,居民被动接受空间的"无损健康化"。从健康的角度看,人居环境与住区居民之间不存在互动关系,彼此互不影响。

而当健康概念扩展到更为广阔的社会层面的时候,当人们认识到良好的人居环境对健康具有促进作用的时候,当人类的健康问题越来越突出,健康状况加速恶化的时候,我们需要将人居环境塑造的基本思想由"无损健康"向"有益健康"转变,摒弃生态保护和生态健康的单一内涵,而将焦点转移到人身上,因为一切环境都是为人服务的。"有益健康"的人居环境塑造是要在住区环境与住区居民之间建立一种相互影响、相互促进的互动关系。"无损健康"与"有益健康"的空间塑造特征对比见表 2-2。

表 2-2 　　　　　　　"无损健康"与"有益健康"的空间塑造特征对比

住区健康理念	空间与健康的关系	空间塑造特征
无损健康	非互动关系	强调环境的无害性,空间的构成与组织不主动考虑健康的因素,从健康的角度看,住区居民与空间是被动的关系,彼此互不影响
有益健康	互动关系	肯定空间与健康的互动关系,强化空间对健康的促进作用,空间的构成与组织主动考虑促进健康的因素与方式,是一种引导性的关系

2. 从"静态空间"转向"动态空间"

信息技术的进步推动经济的快速发展,也促使人们养成了静态的生活方式,人们习惯于坐在电脑前处理一切事物,就连购物、订餐这类日常活动都可以足不出户,通过网络与电话完成,这直接影响到人们的健康,亚健康危机袭来。在静态生活方式的影响下,人居环境的公共空间开始萧条,空间失去了原本的意义。开发商为了利益最大化,更是压缩公共空间的面积,提供少量的活动场地。对于受静态生活方式影响的居民来说,其对人居环境采取被动适应的态度,导致空间单一,人的健康受到威胁,最终形成单一空间与静态生活的恶性循环。

面对日益严重的亚健康危机,一些学者和专家在反思信息技术的利弊的同时,开始重新审视未来的生活方式,倡导人们通过健康的行为活动来对抗信息技术带来的冲击,并形成可持续的动态生活方式,积极加强人的生理、心理素质和社会的流动性,以促进人的健康。人居环境空间强调用动态空间引导静态生活,实现空间与人的亚健康互动、互补,空间内容构成丰富,强调对人的健康生活的引导作用。静态生活方式与动态生活方式的空间塑造特征对比见表 2-3。

表 2-3　　　　　　静态生活方式与动态生活方式的空间塑造特征对比

住区生活方式	空间与健康的关系	空间塑造特征
静态生活方式	被动适应	空间被动式地适应人们的不健康现状,即空间与静态生活的现状对应,体现出空间的静态特征,构成内容单一且使用率低
动态生活方式	主动引导	从健康的本质出发,用"动态"空间引导"静态"生活,形成空间与人的亚健康现状的互补关系,空间构成内容丰富,强调对人的健康生活的引导作用

3. 从"消极空间"转向"积极空间"

当人们还没意识到自己的健康受到威胁的时候,人们对待健康的态度是消极的;而当人们意识到自己的健康问题时,又缺乏足够的健康空间支持。这易造成健康认知与人居环境意义之间的矛盾。这种漠视住区健康需求和对健康活动消极应对的住区空间,被称为住区健康的"消极空间"。消极空间忽视健康与空间的关系,毫无生气,缺乏场所感,使人的活动与人居环境分离。

鉴于此,在反思空间缺失的同时,更应该建立一种能够满足人的健康需求的空间。打造良好的人居环境的目的是塑造有积极意义的健康空间,引导居民积极参与到人居环境空间的健康活动中,积极空间强调的是居民的主动性,这也正契合了"住区设计的实质"[①]。一方面,积极空间强调引导居民积极参与使用健康空间,与整个住区居民共享公共空间,强调参与和融合;另一方面,住区的居民也作为设计群体参与到规划设计的过程中,住区居民既是塑造空间的要素,也是设计主体。消极空间与积极空间的空间塑造特征对比见表 2-4。

表 2-4　　　　　　消极空间与积极空间的空间塑造特征对比

住区空间的属性	空间与健康的关系	空间塑造特征
消极空间	消极对待	忽视健康与空间的关系,缺乏场所感,设施配套不完善,空间质量较差,难以吸引人们进入空间活动,空间与人的活动分离,无生气
积极空间	积极引导	强调居民的主动参与,空间健康意义浓厚,注重场所感的塑造,具有较强的认同感和归属感,环境质量较好,具有较强的吸引力

---

① 梅尔霍夫.社区设计[M].谭新娇,译.北京:中国社会出版社,2002.

(三)人居环境的健康促进活动解析

健康促进活动主要分为两种:直接性健康促进活动和间接性健康促进活动。直接性健康促进活动是指能够直接促进人的健康的活动,包括亲近自然、体育运动、娱乐休闲和社会交往等四类健康行为活动;而间接性健康促进活动对人的健康不能直接产生作用,但是能够间接地促进人们关注或者参与直接性健康促进活动,主要包括健康教育等行为活动。不同的健康促进活动都具有丰富的内容和深层内涵。

1.亲近自然

自然环境主要是从嗅觉、视觉、听觉、触觉四个方面来影响人们的健康。自然环境能够增强人的免疫力、提高抵抗力、减轻压力,改善心肺功能,使人放松心情,等等,能够在生理和心理两方面促进人的健康。亲近自然是最广泛的健康行为活动之一,也是人们最有"期望值"的活动,不论是重病缠身的患者还是健康的人,都需要通过亲近自然这项活动来改善或保持健康状况。目前,证明亲近自然对健康有利的研究数不胜数。亲近自然也是住区居民必不可少的健康活动。对住区居民来说,亲近自然一般情况下是作为一项附属活动而存在的,即在发生其他行为的同时"亲近自然",但也可作为主体功能而存在,这主要取决于住区居民的选择。住区空间的亲近自然活动是住区居民的一项主要活动,作为人们居住和生活的特定区域,住区空间内的亲近自然活动的发生较为频繁。

2.体育活动

强度适宜的体育活动可以使人们的感官接受各种不同的感觉信息的输入,提高各项器官的唤醒水平,使人精神振奋,消除疲劳,摆脱烦恼。对精神不振、情绪低迷的人具有显著的调节和治疗作用。经常进行体育活动,还可以磨炼人的意志,增强自信心,并具有减轻应激反应以及缓解紧张情绪的作用。人的任何一个有目的、有社会倾向的活动,都必然以生物功能为基础,并由心理活动来调节。体育活动作为人的一种有意识的主观行为,人在活动过程中不但可以忘却不必要的烦恼,而且可以从中感悟到人生的快乐、生命的意义和自身的价值。住区空间是人们参加体育活动最为频繁的地方,也是最为方便的空间。对于大多数人来说,可达性、生活氛围等因素都决定了住区空间是不是最适合体育活动的区域。

3.娱乐休闲

德国的拉扎勒斯(Lazarus)和帕特里克(Patrick)提出了放松理论,指出娱乐休闲不是在发泄能量,而是在工作疲劳后恢复精力的一种方式,人类需要有利于身体和精神健康的活动来解除紧张工作带来的压力①。娱乐休闲是指在非劳动或非工作时间内以各种"玩"的方式求得身心的调节与放松,达到健康保健、体能恢复、身心愉悦目的的一种业余生活活动。科学文明的休闲方式可以有效地促进能量的储蓄和释放,包括对智能、体能的调节和对生理、心理机能的锻炼。娱乐休闲是为了追求快乐、缓解生存压力。随着工作强度的加大,人们对娱乐休闲活动的需求也越来越强烈。人居环境作为人们生活的区域,是娱乐休闲的主要区域,但是住区内的娱乐休闲活动往往更生活化,是在不影响住区其他主体功能的基础上开展的。

4. 社会交往

交往是人的一种重要的心理需求。一个人生活在世界上,不仅有吃、穿、住、行等基本生理需求,还有许许多多的心理需求。心理学家认为人类至少有 20 种心理需求,其中非常重要的一项就是交往需求。现代医学认为,在与人交往、得到他人的帮助及帮助他人的过程中,人会产生一种愉快欣慰的感觉,有助于身心健康。人们的社会交往活动不仅可以使公共空间显得富有活力和魅力,而且随着住区内社会交往活动的频繁发生,居民能在私有住宅之外产生更强的安全感和更强的从属这一领域的意识,从而将这些场所和周边的环境视为自己活动场所的一部分。调查表明,社会交往活动较为频繁的小区中的犯罪事件要比社会交往活动较少的小区要少得多,可见社会交往活动对人们的心理状况会产生积极的影响,帮助人们摆脱不健康的心理状况,促进人们的社会性健康。

5. 健康教育

健康教育是通过有计划、有组织、有系统的社会教育活动,使人们自觉地采纳有益于健康的建议,养成健康的行为习惯和生活方式,从而预防疾病、促进健康和提高生活质量。健康教育的核心是引导人们树立健康意识,促使人们改变不健康的行为习惯和生活方式,从而养成良好的行为习惯和生活方式,以减少或消除影响健康的危险因素。现阶段,对健康知识的了解已经成为人们的一项重要的心理需求,健康教育是一项间接性健康促进活动,活动本身对身体健康并没有起到直接的促进作用,但可以强化人们对于健康的认识,推动人们直接参与健康活动。

在作为生活中心的住区,健康教育活动对促进人们的健康具有重要作用,健康教育的效果也更为明显。按照教育的层次和深度,健康教育可分为基础健康教育、中层健康教育和深层健康教育三种类型。其中,基础健康教育是对基本的健康常识的教育,使人们能够收获一些基础的健康小知识;中层健康教育主要是健康意识的教育,使住区居民能够深刻认识到健康的重要性,并积极主动地参与一些健康的

---

① 楼嘉军.休闲新论[M].上海:立信会计出版社,2005.

活动;深层健康教育则是健康生活方式的教育,通过深层健康教育,人们能够养成健康的生活方式。

(四)人居环境的健康导向

1.导向与空间的关系

根据《汉语大词典》的解释,"导"为"指引,启发"之义,"向"有"目标,意志所趋"之义。导向,顾名思义,为"导"与"向"的结合,表示向着特定的目标对事物所进行的引导。"导向"一词的英文翻译为"orient",指参照某一点调整某个人的位置,它包括两方面含义:一是需要辨别和认定所要参照的目标,二是据此调整现有的状态。显然,它是以人的主观意愿或价值观为前提的行为引导。导向的含义是某种价值观的体现[①],体现了人们的主观意识。美国城市设计教育家凯文·林奇认为"聚居形态的产生总是人的企图和人的价值取向的结果"[②]。因此,城市实际上是人们在不同目标导向下产生的行为变化在空间中的表现,不同的目标导向导致了不同的城市生活行为,从而形成了不同的空间形态。

健康导向型城市的目标是保障居民健康,促进居民积极出行和采取休闲行为。促进健康行为实际上以引导健康行为为目标,是健康导向型的城市空间配合。当我们面对日趋严重的健康威胁时,仅仅靠个人的努力难以抵抗,为了塑造更加有利于人的健康的住区空间,我们有必要建立以人的健康为价值核心的住区规划理念来引导人们的健康活动。

2.健康导向的内涵

现代住区设计的健康导向是针对日益恶化的人居环境质量提出的。作为住区规划设计的对象和方位,规划内容应该根据这一范围的相关要素和活动加以确定,相关领域的各问题也应该围绕人居环境加以组织和安排,并合理、适度地展开。因此,以健康为导向的人居环境,是以有益于住区居民健康的环境空间为主要构成要素,营造并组织人居环境的基本功能和活动的空间。

首先,以健康为导向的人居环境必然需要满足住区居民的健康需求。根据心理学家勒温提出的行为与环境理论表达式可知,健康行为是人的内在需求与环境共同作用的结果[③],其中健康需求是健康行为发生的根本动力。因此,以健康为导向的人居环境塑造必然需要以满足住区居民的健康需求为前提,充分了解住区居

---

① 董晶晶.论健康导向型的城市空间构成[J].现代城市研究,2009,24(10):77-84.

② 林奇.城市意象[M].方益萍,何晓军,译.北京:华夏出版社,2001.

③ 李睿煊,李香会,张盼.从空间到场所——住区户外环境的社会维度[M].大连:大连理工大学出版社,2009.

民的健康需求,从空间的角度来满足这些健康需求,从而保障居民的健康。

其次,健康行为的发生是以健康为导向的人居环境存在的意义。我们知道,健康是一种状态,健康状态的实现有赖于健康行为的发生,而健康行为是人居环境和健康需求共同作用的结果,因此,健康导向型人居环境在住区中所扮演的角色是健康行为发生的助推器。这种支持有两种含义:一方面,以健康为导向的人居环境为健康行为提供条件支持;另一方面,以健康为导向的人居环境引导健康行为的发生。两者是互动关系。

本书中的"健康导向"则是指为实现城市与人的健康而对居住环境所进行的引导。健康是目标,导向是方法,更新是手段。在人居环境的规划建设中,需要被引导的对象有两类:一是城市物质空间环境,二是作为城市主体的人。通过人居环境的建设,引导人的健康活动、有效交流,促使人养成健康的生活方式;引导城市交通的合理规划和城市环境的可持续发展。

3. 健康导向的目标

健康导向型人居环境是在全面"健康"概念的基础上,塑造有利于住区居民生理健康、心理健康和社会健康的城市住区空间;是在整体人居环境互动关系的基础上,以人的健康为价值核心,针对当前健康问题,引导人居环境构成,为居民的健康行为提供条件支持的生活环境。人居环境健康导向的总体目标是:满足居民的健康需求,引导健康行为,促进人人健康。满足居民的健康需求,即要塑造全面的健康空间,满足人们对健康活动的需求;引导健康行为,即要营造适宜住区居民开展健康活动的空间。因此,对于住区健康导向的目标,我们也可以理解为提供全面的住区健康空间,满足不同人群的健康需求,同时塑造有吸引力的健康空间,构建完善的健康空间系统,引导居民积极参与健康活动,促进人的全面健康。

(1)提供全面的住区健康空间构成。住区居民的构成多样性和健康内涵的多层次性共同决定了健康需求的多样性,因此,需要提供全面的住区健康空间,以满足住区居民的不同需求,从而促进居民的生理健康、心理健康,增强居民的社会适应性。

(2)塑造有吸引力的住区健康空间。受静态生活方式的影响,人们难以立即走出家门,参与健康活动。因此,塑造具有吸引力的住区健康空间,引导人们积极参与健康活动,成为人居环境塑造的紧迫性任务,也是人居环境健康导向的另一个目标。

(3)构建完善的住区健康空间系统。人居环境必然遵循一定的秩序而存在,人们在住区空间环境中的健康活动存在着一定的规律。因此,健康人居环境必然要以住区健康活动规律为导向,有序地组织住区健康空间,建立完善的住区健康空间系统。

4. 健康导向的内容

人需要在个人的生活工作层面得到最直接的健康促进,而且人生活在社区中,受到社区氛围的影响,这是健康人居环境建设必不可少的考虑因素。从更大的环境来讲,在整体社会和环境条件层面,人居环境规划对人的健康的促进作用依然不可忽视。

个人生活工作层面:规划影响个人行为与生活方式。鼓励并提倡健康的生活方式,注重住房、服务设施的合适性;创造美观、安全便捷的交通环境,减少汽车依赖,鼓励步行、骑自行车出行;改善居住质量。注重卫生、教育、娱乐等服务设施的设置,住房的朝向,通风、室内布局、建筑材料(有无毒副作用、节能等)、建筑结构、建筑高度、建筑环保节能的调控;注重提高城市规划中各种设施的通达性,包括这些设施的分布距离,步行、骑自行车和乘坐公交车的可达性及便利程度,交通(尤其是步行、骑自行车)的安全性、沿线环境的美观度等。

社区层面:通过规划的调控提高规划区块的商业吸引力和服务设施的多样性,注重培养和促进良好的邻里关系并建立社会互助网络,加强社会团结,社区建设注重各类生活服务设施和公共活动空间规划,考虑邻里照看和对公共活动空间的自然监护。提高社区安全性,包括进行交通组织、限速、停车设置、交通优先权设置等。

整体社会和环境条件层面:注重改善空气质量、水环境,提升城市美感,减少城市污染;节约土地与森林资源;鼓励可再生、可循环利用的建筑材料的使用,积极探索城市规划的节能、节地措施。

第四节　健康导向型人居环境理论模型构建

一、理论假设模型的构建

基于对相关理论和已有研究文献的梳理,可以发现人居环境尤其是建成环境与个体的健康状况之间存在紧密联系,同时,人居环境与体力活动密切相关,且体力活动很有可能是人居环境作用于个体健康状况的重要中介变量。在关于老年人与环境的关系的研究中,有研究指出,身体机能下降或衰弱的老年人更容易受到其活动环境的影响,较差的活动环境会给老年人带来更多的负面影响,而良好的活动环境会给老年人健康带来积极影响。学者们指出,对老年人居住区环境的优化可减少环境给他们带来的压力,减少环境阻碍,使其更能适应居住环境,有利于其进行体力活动,提高生活质量。

个体行为改变是个体根据周围环境做出的选择,以环境为基础的体力活动干预措施往往覆盖面广,可能影响大群体或整个群体的行为选择,并具有持续性。城市社区是承载老年人主要活动的场所,社区建成环境所涉及的物质因素(如健身路径、公园/广场、商店可达性及土地利用混合度等)以及精神环境因素(如生活氛围、社会交往、文化活动等)可能影响老年人个体行为的选择,进而影响其健康状况。健康促进的社会生态学理论认为,环境可直接影响人的健康,也可间接影响人的健康,通过引导人的行为促进健康。由此可知,老年人健康受到人居环境和体力活动的影响,故本书基于环境行为理论、社会生态学理论和环境心理学等,结合已有的研究成果,构建了健康人居环境与老年人健康状况、体力活动之间关系的理论假设模型,如图 2-11 所示。

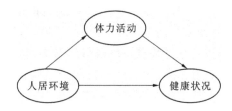

图 2-11　理论假设模型

二、研究假设的提出

研究假设主要运用在量化研究中,通过对假设的证实或证伪,可以对比较抽象的理论进行验证,从而使实证研究不再是经验上的描述,而成为理论性研究[①]。根据前人的研究成果和构建的理论假设模型,结合长江三角洲地区城市的实际情况及研究的可操作性,本书提出以下研究假设:

H1:健康导向型人居环境对老年人健康有正向促进作用。

H2:健康导向型人居环境对老年人体力活动有显著正向影响。

H3:体力活动对老年人健康有显著正向影响。

H4:体力活动在健康导向型人居环境与老年人健康状况之间存在中介作用。

三、测量指标的选取

基于城市规划、环境工程和体育学等相关领域的学者的观点及其相关研究成果,本书结合专家访谈,进行归纳演绎,确定健康导向型人居环境、体力活动和老年人健康的测量指标,进而设计假设模型。此种研究范式在管理学、体育学领域均有

---

① 仇立平. 社会研究方法[M]. 重庆:重庆大学出版社,2008.

应用,如项明强[①]、王伟成[②]、冯振伟[③]等的研究皆采用此研究范式。首先,通过梳理关于人居环境与健康的国内外文献,整理和归纳关于健康人居环境和健康的各个关键指标;其次,深入访谈,听取城市规划专家、体育专家、人文地理专家和卫生管理专家的建议,并实地考察,提炼出代表健康人居环境和健康的指标;最后,整合文献与访谈结果进一步提炼相关指标。该研究范式在汲取前人研究成果的同时,考量现实情况,能够较为全面、科学地评估各变量状况。因此,本书通过该研究范式筛选健康人居环境、体力活动和健康的指标。

一是健康导向型人居环境指标的选取。健康的人居环境是以人为本,以满足人居住、生活、活动等各种需求为目的的客体[④]。随着社会的发展和时代的进步,人的需求也随之发生改变,从基本的生存、物质、安全需求到更高层次的文化、精神、情感需求,从追求具有多功能的建设环境到追求贴近原生态的自然环境,其最终目的都是寻求自身各方面整体的、全面的健康。所以说,健康导向型的人居环境不仅涉及客观的物质环境,还包括能满足居民情感需求的精神环境。因此,本书从居民的需求角度出发,以促进公众健康行为的发生为基本导则,以促进公众健康为目标,建立一个反映人居物质环境和精神环境内容的多要素、多层次健康导向型人居环境评价系统。各个维度测量指标的设计与选取是进行实证验证的关键环节,为了保证各测量指标的质量及测量指标能充分反映研究变量的真实情况,使研究结果更加可靠,本书对国内外相关文献的指标进行反复讨论和实证检验,并结合现实观察和专家意见进行指标甄选。具体的健康导向型人居环境评价指标研究将在下文详细阐述。

二是体力活动指标的选取。体力活动与健康之间的联系紧密,如认知功能障碍、心血管疾病、关节炎疼痛、抑郁等都与体力活动缺乏有关。人们对体力活动、健康如何受环境的影响越来越感兴趣,视野已经从个体行为模型扩展到更具包容性的生态模型,认识到建成环境作为健康的决定因素的重要性,因此,开始关注人们体力活动在建成环境与健康问题之间的中介作用。经文献梳理可知,研究文献中对体力活动指标的选取主要集中于中—大体力活动、总体力活动两个方面。也有研究认为,步行、总体力活动量在建成环境与肥胖之间存在中介作用。综合实证文献,本

① 项明强.促进青少年体育锻炼和健康幸福的路径:基于自我决定理论模型构建[J].体育科学,2013,33(8):21-28.

② 王伟成.我国制造业质量管理实践与绩效关系研究[D].天津:天津大学,2017.

③ 冯振伟.体医融合的多元主体协同治理研究[D].济南:山东大学,2019.

④ 高家骥,朱健亮,张峰.城市人居环境健康评价初探——以大连市为例[J].云南地理环境研究,2015,27(3):33-40.

书主要参考吴志建等[①]、Colley 等[②]、Koohsari 等[③]研究的中介变量,选取总体力活动、中—大体力活动、活动时间、活动频率四个指标作为模型的体力活动测量指标。

三是健康指标的选取。早期老年人健康的衡量指标为 BMI,随着健康研究的深入,有学者提出根据自我报告健康状况、心理健康等评价老年人健康状况。近几年对老年人健康的关注逐渐增多,研究文献中对老年人健康指标的选择主要集中在 BMI、自评健康、认知功能几个方面,这几个指标均能在一定程度上反映老年人的健康状况。本书主要参考 An 等[④]、Berke 等[⑤]、吴志建等[⑥]研究的健康指标,选取 BMI、自评健康、患慢性疾病数量、认知功能作为测量指标。

第五节　本章小结

本章首先对研究相关的概念和理论基础进行界定和阐述;其次对国内外健康城市建设研究、人居环境与健康关系研究及文中涉及的变量的测量研究进行详细的综述和评价;再次对健康的本质进行重新解读,阐释了健康城市理念并提出健康导向型人居环境的概念和研究视角;最后基于理论的构建,提出了健康导向型人居环境理论模型及人居环境、老年人体力活动和健康之间关系的研究假设。以上内容即为健康导向型人居环境体系的理论建构,为下文的评价指标研究和理论模型的实证分析提供了科学的理论依据和操作支持。

---

① 吴志建,王竹影,张帆,等. 城市建成环境对老年人健康的影响:以体力活动为中介的模型验证[J]. 中国体育科技,2019,55(10):41-49.

② COLLEY R C,CHRISTIDIS T,MICHAUD I,et al. An examination of the associations between walkable neighbourhoods and obesity and self-rated health in Canadians[J]. Health reports, 2019,30(9):14-24.

③ KOOHSARI M J,KACZYNSKI A T,NAKAYA T,et al. Walkable urban design attributes and Japanese older adults' body mass index:Mediation effects of physical activity and sedentary behavior[J]. American journal of health promotion,2019,33(5):764-767.

④ AN S,LEE J,SOHN D. Relationship between the built environment in the community and individual health in Incheon,Korea[J]. Journal of Asian architecture & building engineering, 2014,13(1):171-178.

⑤ BERKE E M,KOEPSELL T D,MOUDON A V,et al. Association of the built environment with physical activity and obesity in older persons[J]. American journal of public health, 2007,97(3):486-492.

⑥ 吴志建,王竹影,张帆,等. 城市建成环境对老年人健康的影响:以体力活动为中介的模型验证[J]. 中国体育科技,2019,55(10):41-49.

第三章 健康导向型人居环境的影响要素分析

第一节 健康导向型人居环境的构成要素

以健康为导向的人居环境建设除了保证住区建成环境拥有良好的物质环境，即要有舒适的自然环境、便捷的交通环境及完善的配套环境之外，还需要健康积极的精神环境支持[①]。因此，健康导向型人居环境的构成要素包括两种类型：人居物质环境与人居精神环境。这两者是有机联系的，精神环境的内涵要借助于各种物质环境展现出来，从而被感知、被体验。健康导向型人居物质环境主要由自然环境、交通环境、配套环境组成，居民的生理健康受这三类环境影响居多。利于居民健康的精神环境主要由人文环境、文化环境、心理环境组成，这些更多地影响居民的心理健康。以上这几类住区环境的营造和居民健康关系密切，也是健康导向型人居环境评价的重要参考指标。

一、物质环境

（一）舒适的自然环境

人生存需要适宜的自然空间，人在与自然环境交互的过程中，追求着一种动态的平衡。在动态平衡中，自然环境对人的身心健康发挥着不可替代的作用。社区的绿化环境具有社会生态服务功能，能够改善空气质量、消除噪声，促进居民健康。研究表明，观赏绿色植物有助于减轻精神压力并集中涣散的注意力，从而降低患高血压和心理疾病等慢性疾病的风险。绿色空间为周边居民开展体育锻炼提供舒适的场所，有利于提高居民的身体素质并缓解他们的精神压力；绿色空间也为周边居

---

① 卢丹梅. 城市健康住区环境构成及评价指标研究[D].武汉:华中科技大学,2004.

民开展邻里互动和集体活动提供了便利的场所,可以提升社区凝聚力,约束不健康行为并防范健康风险。

住区的绿化景观关系居民的生活环境质量,与居民的健康密切相关,它对人们健康的影响有生理方面的也有心理方面的。绿化景观不仅具有景观功能,能给人带来美的视觉享受,给人以丰富的文化联想,还具有非常重要的生态功能,包括维持碳循环和保持碳氧平衡、减少空气污染、减少空气粉尘、保持水土和维护水循环、降低环境温度和提高环境湿度、减少噪声等。另外,健康住区环境设计对绿化景观提出了更高要求,良好的景观配置能满足人们以就近休闲代替远足旅行的需求。因此绿化景观成为建设健康住区环境的一个极为重要的元素。

自然与艺术触发着人们对“诗意的栖息”的诉求,这两者也需要整合,需要在生态化和审美化的系统构成中融合。因此,在人居环境中,无论是自然生态环境还是人工环境,都应该以“自然”为本源和参照、为环境建设的尺度。生态健康尺度、舒适尺度、美观尺度是人居环境重要的评价要素。其中,生态健康尺度是构建住区绿化环境的根本尺度,应在充分满足生态健康尺度要求的基础上进一步考虑环境的舒适度、美观度。此外,住区自然环境还包括建筑、植物、水景等景观元素,可通过人为设计在一定程度上改善住区自然环境、创造宜人的居住环境。合理的自然环境规划能改善人居环境,促进居民健康。

(二)便捷的交通环境

健康住区的交通环境要求既能保证居民日常出行安全、便捷,又能保证居民日常生活安静、舒适。在住区交通环境中,实现人与交通健康共存的一个前提就是,明确城市道路快速通畅性与广泛可达性的划分,尽可能地减少住区内道路同时承担城市交通功能的不健康现象。应合理规划住区内部交通,减少机动车造成的环境污染和安全隐患,力求居住安宁。

住区交通分为动态交通和静态交通。动态交通方式要综合考虑住区规模、居民的出行方式,综合考虑建设资金、居住环境等的合理选择、设计。静态交通也就是停车设施的布局,最重要的考虑因素是居民的停车步行距离,应按照整个住区道路布局与交通组织来安排,以方便、经济、安全、有利于节约能源和减少环境污染为原则。

交通环境规划包含道路规划、停车场规划、铺装设计,其中道路规划、停车场规划除了要保证满足居民基础的使用需求,还应保证安全性,停车场避免设置于住区死角,应保证其夜间照明,道路应通过人车分流保证居民安全,避免车流对居民生活造成安全隐患和产生过多噪声。因此,机动车地上停车场应设置于方便居民驾车驶出和驶入的接近出入口、主干道的地方,以尽量减少对居民日常生活的影响。

非机动车停车场应尽可能接近住宅楼或小区出入口。所有停车场都应当设置安全警示标识,防止事故发生。

住区道路规划应以住区的交通组织为基础,一般分为人车分流、人车混行两种形式。住区道路布局是住区整体规划结构的骨架,应当在满足居民出行需求的前提下,充分考虑其对住区空间景观、层次、形象特征的建构作用,还应充分考虑地形及其他自然环境因素。住区道路应按照住区规划设计理论,综合考虑住区相应的用地规模、人口规模进行设计。住区道路设计应符合城市道路设计规范中对道路的规定,可通过植物行列种植强调道路走向。值得强调的是消防通道及无障碍通道设计。道路设计应满足消防车通行,以保证住区安全,为保证景观效果,在保证消防功能的情况下,弱化其形式感,将其融于景观道路之中,扩大居民活动范围和景观布置空间。道路设计还应考虑社会公平,从细节上体现对特殊人群的关爱,在小区内设置完整的无障碍通道系统,满足残疾人、老年人及儿童的出行需求。

道路与景观植物、景观设施等共同构成道路景观,可通过设计道路景观路线,引导居民按照设计的路线欣赏周边景观。道路景观应符合形式美,例如住区内主干道通常较长直,易使居民产生厌烦感,则次干道及小径可采用曲线设计,以增强游览趣味、延长游览路线,减少居民步行的疲惫感。总之,合理的交通环境是人们安全、高效出行的基础,也是评价健康导向型人居环境的一个重要参考指标。

(三)完善的配套环境

我们首先要树立一个观点,就是配套的出发点是服务居民,不是为了配套而配套。健康住区里的所有配套设施都是高效实用的,每一个环节都是针对居民的健康而设立的。除了做好硬件的配套,还要重视软件方面的配套,只有软硬件结合才能最大限度地提高整个住区配套环境的健康性,提高住区居民的整体健康水平。

住区基本配套包括安全配套以及一些必要的设施,其中必要设施必须满足消防、救援、抗灾、避灾的基本安全要求,满足居民的基本健康要求。康体活动配套体系是健康住区的一个重要组成部分。国务院印发的《"健康中国 2030"规划纲要》及《全民健身计划(2021—2025 年)》均提出,要统筹建设全民健身公共设施,加强健身步道、骑行道、全民健身中心、体育公园、社区多功能运动场等场地设施建设。健康住区建设必须将身体健康的概念融入居住和日常生活环境之中,注重"居住—健身—健康—生活"的发展过程。住区康体配套应与住区内外交通步行线、住区内休闲步行线、住区内局部健身步(跑)行线相结合,养成点线相连、有机组合的康体活动配套体系,满足普及、安全、适用、娱乐的要求。

住区中的健身空间更是居民养成健康生活方式的主要场所,不仅可以改善居民的生理健康,而且可以促进居民交往,产生一些如打招呼、交谈等交往活动,提高居民外出的频率,从而改善居民心理健康状况,可见健身空间的营造对居民的身心健康具有重要作用。健身空间的设计主要分为两方面:一是健身空间选址,二是健身设施选择。良好的健身空间设计可以提高居民健身积极性,增加居民运动频次,从而增强居民的体质。健身空间应当选址于光线好、通风效果好、环境安静、景观优美、远离车辆的地方,还应具有可达性。空间内应布置数量充足的休息、休闲设施,方便居民运动过后休息和与他人交谈。空间内铺装应选择耐磨、防滑的材料,保证居民运动安全。空间内的植物配置应起到夏季遮阳、冬季防风的效果,提高健身空间的使用率。应根据小区情况选择健身设施,如专业健身房、一般健身设施等。这些设施的设置可促进居民开展户外活动,使居民进行一些有益的健身锻炼活动。

住区中的医疗保健配套对整个住区健康水平的提升也具有重要作用,应该给予重视,其配套包括硬件与软件两方面。硬件方面包括卫生服务中心的建设、医务和保健工作人员的配备、医疗急救站的设置等。软件方面包括健康管理意识等的树立。

商业配套和社区服务配套是住区配套环境的另一个重要方面,也是保证居民健康生活的重要条件。

住区配套环境以满足社区居民日常生活需求为主要职能,同时也提供文化娱乐、休闲服务等多样化、个性化的综合性服务,营造集购物、休闲、赏景于一体的健康生活模式。

二、精神环境

阿尔贝蒂早在 1492 年就说过:"住屋是为人而建的。"这意味着虽然住区自然环境、交通环境、配套环境及其他各种可见的建成环境是健康住区建设中不可或缺的部分,但任何只从技术、经济或生态的角度来探讨居住问题的设想都是片面的。真正的健康生活不仅仅需要一个健全的物质环境,还需要健康积极的精神环境支持。健康住区除提供住宅和公共服务设施外,还应发挥如下的社会功能:①提供物质上和精神上的互助;②提供情感上和思想上的交流;③提供行为上的约束。

(一)人文环境

健康住区的人文环境包含的内容十分广泛,其中最主要的理念是以人为本,要建设一个真正适宜生活的环境,要有明显的人文社区的特色,体现出对居民的人文关怀。另外,公众参与与特殊设计这两个方面也是人文环境中的重要环节,既要反映出公众的普遍需求,又要体现出对老年人、儿童和残疾人等特殊人群的特别关怀。

我们所倡导的健康概念,最基本的一点是保证绝大多数人的健康,健康导向型人居环境的设计要反映"人人享有健康权利"的目标,提高健康住区的可操作性、现实性与大众性,争取做到人人都享有健康的住区生活。如美国的"健康家"计划,日本的健康住宅与环境共生住宅建设,加拿大的健康与可持续发展住宅建设,欧洲的健康住宅建设等,它们所建设的住宅具有共同的特点,即使用对环境和健康有益的建造材料,为人们提供健康而舒适的室内外环境,而且与自然、社区和整个环境相协调,这些案例为我们建设健康住区提供了宝贵经验。

公众参与是指住区全体居民共同参与社区事务,包括居民参与社区发展决策、社区后续建设和社区信息交流等社区事务,它保障了居民应该享有的公平权益,同时也是使居民热爱社区、爱护社区、关心社区、对社区产生归属感和建设文明健康社区的一种重要方式。公众参与不仅体现在小区建成后居民参与管理,还涉及居民参与住区投资建设与居住环境设计的过程。只有从设计出发,反映居民最直接、最真实的要求,才能建设真正健康的住区环境。开展公众参与可以使居民了解居住环境水平及其对健康的影响,培养健康的生活意识和生活方式,提高健康住区生活品质,实现住区健康化。

在住区环境中,特殊设计主要是指无障碍设计、老龄化设计和儿童设计。无障碍设计的对象主要是存在行为障碍的人群,包括残疾人、老年人、推婴儿车者、伤病者及携带重物者等。由于存在行为障碍的人群活动范围受限,他们常在居住环境内或附近活动,因此住区环境的无障碍设计显得格外重要。老龄化设计是针对目前老龄人口快速增长的现象,根据老年人的身体特点而进行的住区环境规划。由于老年人闲暇时间较多,他们在休闲娱乐、医疗保健等方面需要更多的关爱与照顾,设计丰富多彩的活动是保证老年人精神健康的重要举措。儿童设计主要针对3～6岁的幼儿和7～12岁的学龄儿童。对于他们来说,游戏不仅是玩耍,还是对社会生活的模仿和体验,是学习的过程。儿童特有的生理和心理特点使他们对环境作出的反应比成年人更直接和活跃。因而,儿童设计就是针对儿童活动特性,建设有助于儿童学习成长的环境,同时让家长在与孩子共同玩耍的过程中,加深与孩子的感情。

因此,特殊设计也是以人为本的体现,反映了绝大多数人的需求,是特殊人群生活质量的保障,也是健康住区环境建设一个不能忽视的内容。如今,精神的享受已成为健康幸福的关键所在。尤其是目前我国已逐步进入老龄化社会,老年人的需求已经成为我们进行健康住区环境建设的一个专题。我们更要重视并充分研究其特点,创造一个有利于老年人身心健康的生活环境。

(二)文化环境

随着人们生活水平的提高与生活方式的多元化,住区建设既讲求物质环境又讲求精神环境,人们对文化的需求也越来越强烈。

随着社会的发展,人群完成了从一元到多元的转变。一元环境下人群单一、爱好单一、知识层面单一,对住区文化环境的需求相对而言较简单。而多元环境下,人群丰富、爱好丰富、知识层面丰富,相对而言对住区文化环境的需求较复杂。如今,人居环境的空间结构已从讲求基本的适用性到侧重追求生活品质,着重提高生活舒适度,发展为讲求生存空间的生态、文化环境质量。文化性被房地产开发商称为"整个房地产行业持续发展的恒久动力与源泉",住区的文化环境在当今社会显得日益重要。

人居环境的文化性表现应该是多方面的,住区文化环境的内涵也是多层次的。比如,社区内应该增加具有文化性的活动空间,住区应按规定设置学校、公园、会所及公共交流空间,与城市公共文化设施形成网络体系,提升居民的文化修养。住区内应开展定期与不定期的文化活动,充实和丰富居民的业余文化生活,以满足居民高层次的精神需求,促进文明健康住区的建设。良好的文化教育环境、文化氛围对提高整个住区的健康水平有重要的作用。

健康向上的住区文化环境,有利于下一代的培育、锻炼和成长,并鼓励人们关心他人,关心社会。人居环境的文化性塑造,重点在于造就一种精神感染力,使居民感到舒适,并激发其对美好生活的向往与追求,这才是塑造人居环境文化特性的最终目的。在对健康人居环境进行规划设计时,更应该考虑设计一种健康向上的文化环境。

(三)心理环境

诺曼·T. 牛顿曾说:"规划专业的基本目的是创造并保持现有的人与环境的最佳关系。如现代医学工作者一样,我们试图带给人身心平衡和整体的健康,这包括生理学和心理学的因素。设计作品成功与否只能通过其对人类健康和幸福各方面的长期影响来进行切实评价。"这说明注重人群心理健康的人居环境设计对城市规划的评价具有重要意义。

以往的房地产开发孤立化现象比较严重,表现为过分强调住区的独立性、封闭性,而忽略了与城市周边环境的融合,缺乏人际交往空间与应急沟通渠道,使人与城市之间、人与人之间失去日常联系,导致个体自我封闭性与冷漠性日益加剧。而事实上,人是社会中的人,住区是社会的基层细胞。人居环境不仅是一个物质环境,而且是一个社会环境。发达国家提出的"人—建筑—环境"的学说,便是将建筑学、心理学、社会学、环境学和生态学等学科相融合,强调人与自然、人与社会的有机结合。因此,健康人居环境的构建还应该注重使人们产生亲近感、亲切感,从而让人们精神愉悦,这样才会有益于人们的健康。

在完善住区社会功能的同时,我们需要更多地关注住区心理环境。绿化率、容积率、板楼数、人均绿化面积这些指标是衡量住区心理环境是否健康的物理基础。而除了生理健康,心理健康同样重要。有学者从居住建设的角度将影响居民心理健康的因子划分为五个,分别是私密性保护、邻里交往、完全防范、视觉环境和压抑感,同时发现,随着人们年龄的增长,对私密性保护的需求会向对邻里交往的需求发展[①]。按照环境心理学的理论和概念,人人都希望有控制、有选择地与他人或外界环境交换信息,私密性需求就是对这种控制机制和功能的需要,它是人的基本行为的心理需求之一。另外,邻里和睦是中华民族的良好传统之一,在人们注重私密性保护的同时,仍需要通过与人交流释放压力、调整精神状态,得到情感上的共鸣,从而保持心理健康的良好状态。但工作竞争的不断加剧以及交流内容存在的局限性使人们将人际交往的对象转向住区的邻里。因此,交往空间是住区环境中非常重要的一部分,人的社会性导致人具有与他人交流的需求,这种需求与居民心理健康息息相关,健康的交往空间可间接影响居民的健康。

另外,研究发现,体育健身、儿童玩耍以及参与文娱活动是目前最基本的社区居民交流方式;利用社区网络聊天是近年来接近主流的新兴邻里联络方式;传统的串门聊天形式逐渐弱化。现代住区的生活方式使居民对他人的私人空间和生活方式保持高度的尊重,居民更愿意在公共场所进行交往活动。而且绝大部分居民还是希望与其他居民建立和睦友善的关系,并希望通过邻里之间的交往以及住区归属感的建设来满足自身的交往需求。因此,从前人的研究成果和目前居民的生活实际来看,通过营造良好的邻里关系和社会交往环境从而提供健康的心理环境也是健康导向型人居环境建设中不可忽视的精神环境建设措施。

第二节　健康导向型人居环境的主体需求

一、居民人居环境需求的分类

基于人民群众对"美好生活"的向往,新时代对城市建设提出了更高要求。在高标准、高要求的时代背景下,城市建设工作需转为关注"以人为本"的规划理念,以及深入研究人民"美好生活"的实际需求。人类的健康与其所居住的环境存在着必然的联系。以健康为导向的人居环境建设必然要以住区居民的健康需求为前

---

① 仲继寿,赵旭.住区心理环境健康影响因素实态调查研究(一)[J].住宅产业,2010(1):16-18.

提,充分了解住区居民的健康需求,并以人的行为、心理为出发点,具体分析人的行为与中微观人居环境之间的关系。其中,使人居环境更好地响应人的需求是规划设计工作的重中之重,只有识别居民对健康人居环境的感知与需求表达,才能提出合理的策略鼓励人们进行更多的体力活动,倡导绿色健康的生活方式,更好地实现城市管理与决策的智慧化、精细化,实现规划服务真正转向"以人为本"。

我国的一些学者针对住区居民需求进行了大量的调查和分析,根据不同的研究需要,对居民需求进行了分类、梳理和归纳,他们倾向于将居民对住区环境的基本需求划分为四类。

(1)生活性需求:住区环境能够满足居民日常生活的需求,这是最基本的需求,包括住宅的适用性、公共服务设施的方便性、住区交通的便捷性等。

(2)感知性需求:居民在感觉上、心理上、美学上、精神上等对住区环境的需求。

(3)社会性需求:居民对住区环境能够为他们进行社会交往、沟通交流等提供支持的需求。

(4)自我实现需求:居民对住区环境能够帮助他们实现自我价值的需求,是人们追求的最高层次的需求。

二、健康导向型人居环境的需求分析

健康导向型人居环境的需求指的是居民对住区环境所提供的一种能满足自身健康行为的个体需求。有关人居环境需求的研究主要从两方面展开:一是从居民生理需求出发,从体力活动需求展开;二是从居民心理需求出发,从体力活动过程主观感受需求展开。基于此,本书根据健康导向型人居环境的构成要素,将居民对健康人居环境的感知需求也相对应地分为物质需求(客观物质)和精神需求(主观感知)两个维度五个层级(图 3-1),分别从目的地可达性需求、路径便利性需求、交通安全性需求、社会交往性需求、环境审美性需求展开探讨。

一是人居环境目的地可达性需求,主要指居民户外活动受生理机能限制在出行阈值范围内,生活服务设施的可达性;二是人居环境路径便利性需求,主要指居民受体力特征的影响,活动行为选择符合"最小原则",居民更倾向于在短距离内便捷地到达目的地;三是人居环境交通安全性需求,主要指居民作为交通系统中的弱势群体,对身处的城市住区建成环境感到交通稳定、不受威胁;四是人居环境社会交往性需求,主要指居民在活动过程中实现精神的放松及情感的交流,令人愉快的活动场所更容易让居民进行户外体力活动;五是人居环境审美性需求,主要指居民在步行过程中对视觉审美的需求,通过对城市住区建成环境中建筑及景观的美学设计,满足居民对美好生活的向往和追求。居民对健康人居环境的五个层级需求各有其特征,具体见表 3-1。

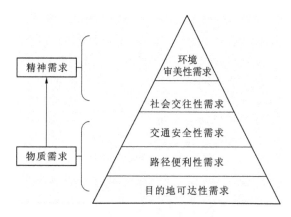

图 3-1　居民对健康人居环境的需求层次

表 3-1　　　　　　　　　居民对健康人居环境的需求特征

需求	具体表现	需求内涵	维度
目的地 可达性需求	在身体机能的支持下,能便捷到达目的地	土地利用多样性、服务配套设施可达性	物质需求
路径 便利性需求	出发点与目的地连接顺畅,出行方便、快捷,出行体验好	道路路网连通度、步行路径通达性	物质需求
交通 安全性需求	对住区人居环境感到交通稳定、不受威胁	外出活动环境质量、活动设施质量、交通安全性	物质需求
社会 交往性需求	实现精神的放松及情感的交流,促进人与人之间的交往	开敞的空间,便捷感、安全感、舒适感、	精神需求
环境 审美性需求	对美好生活的向往和追求,认知层面和心理得到满足	环境生态化和审美化,美观感、吸引感、通透感	精神需求

（一）目的地可达性需求

居民在进行户外活动时,目的地可达性对空间的使用率有着很大的影响,它要求空间布局合理,做到小区每栋楼的居民到达交往空间的距离相对公平,尽量减少居民到达空间所用的时间,增加空间使用率;对居民楼通往交往空间的道路进行良好的景观搭配设计,增加居民活动热情,以此提高居民外出交往的频率;空间入口应设置明显标识,便于识别;对空间尺度合理布置,使服务设施方便使用,提高空间舒适度。目的地可达性差会削弱居民的活动热情,降低交往活动的频率,但可达性太强则会降低私密性,影响居民交往活动的产生。适度的可达性是设置活动空间时首先需要考虑的。

交通性体力活动中,步行和骑行是主要的活动,且能消耗一定的能量。由于步行受人体体力的限制,因而相对来说,步行速度比较缓慢。成年人步行速度一般比老年人、儿童快,同龄男性步行速度一般快于女性。同等体力下,人的步行速度会因出行目的不同而表现出较大的差异,当目的明确时,速度相对较快,当目的不明确时,速度相对较慢,步行的速度会随着行人密度的增加而降低。步行距离与人体机能同样有较大关系,步行一般情况下不适合中长距离出行。有研究指出,多数步行者愿意接受的步行最大距离为400m,时间约为5min。借助于舒适的道路铺装、休息设施以及良好的视景缓解疲劳,步行者可接受的最大步行距离还可以延伸。据相关研究统计,国外步行者可接受的平均步行距离为252m,极限步行距离为3200m,其中距离在1600m以下的步行出行比例为94%[1]。我国研究者一般认为以步行距离小于2000m,步行时间不超过30min为宜[2]。

此外,步行距离存在着实际距离与感知距离的偏差,某些情况下,人的感知距离会与实际步行距离差别较大。例如在单调、平直、缺乏绿荫的街道中,行人的感知距离往往大于实际距离;相反,如街道空间紧凑而吸引人,感知距离就会缩短。因此,适宜的步行距离设置不应仅考虑客观距离的长短,还应考虑人对街道品质的主观体验感受。气候条件、道路起伏状况以及公交换乘、交通拥挤状况等都可能增加或减少体能消耗。居民一般倾向于步行到达目的地,以努力减少体能消耗。

因此,本书所指的目的地可达性主要指的是在步行或骑行范围内的可达性,居民目的地可达性需求即在居民此类出行阈值范围内的多样目的地可达性需求。在住区人居环境层面主要指的是居住地与目的地,步行或骑行距离范围内土地利用混合度。对人居环境的目的地可达性需求具体表现为土地利用多样性和服务设施可达性(图3-2)。土地利用多样性能够在短距离内创造更多的就业、休闲的机会,服务设施可达性能够满足居民适宜出行距离内的多样日常生活需求。

(二)路径便利性需求

一般情况下,如果在短距离内能便捷地到达目的地,那么居民更倾向于选择步行或骑自行车出行。出行行为是受"需要"诱发并由"动机"支配的,即活动行为具有一定的目的性。人类有许多适应环境的本能,这是在长期的人类活动中,环境与人类的相互作用形成的,这种本能也被称为人的行为习性。由于受到体力特征的限制,除某些以步行本身为目的的步行活动外,一般步行行为都符合"最小原则",即人们在选择交通方式及交通路径时往往以费用、时间、体力最省为目的,选择距

---

[1] 孙靓. 城市步行化:城市设计策略研究[M]. 南京:东南大学出版社,2012.

[2] 中国公路学会《交通工程手册》编委会. 交通工程手册[M]. 北京:人民交通出版社,2001.

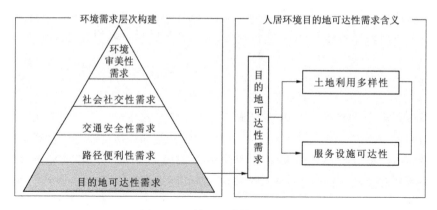

图 3-2　目的地可达性需求内涵

离最短、成本最低、最省时、最省力的出行方式及出行路径。大量研究表明,当有明确的出行目的时,人们对"捷径"的需求是十分明显的。路径起伏大或者目的地距离远会给居民外出带来很大的麻烦,不仅耗费体力,也会打乱出行的节奏,还会降低居民选择步行出行的意愿,依赖汽车等交通工具,从而降低交通性体力活动水平。

　　路径的便利性直接影响到居民是否愿意步行或骑自行车出行。人居环境路径便利性的需求具体体现为道路网络连通性和步行路径通达性(图 3-3)。道路网络连通性越高,说明步行网络越密集,越有利于缩短居民步行出行距离,增加出行路径的选择。步行路径通达性则更多体现为步行的顺畅程度,反映的是步行路径的实际使用情况。

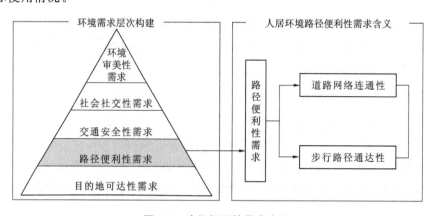

图 3-3　路径便利性需求内涵

(三)交通安全性需求

　　人类心理需求中最基本的一部分就是对安全感的追求,人在开展所有的社交、体育、娱乐等方面的活动时都是以安全为前提的。人居环境的安全需求指的是环境本身能够给人带来安全感,包括出行的安全、活动的安全。达到这样要求的室外环境既可以满足人们交流、运动的需求,又可以促进公共环境的健康和谐发展,提高使用者的幸福感。

客观物质环境质量比如住区周围的交通环境等会引发居民的心理作用,从而影响其对出行方式的选择。居民在住区交通系统中属于弱势群体,步行交通环境是否安全直接影响居民对出行方式的选择。交通伤害是目前全球最主要的伤害之一。WHO的数据显示,道路交通事故每年造成全球将近130万人死亡、5000万人受伤。联合国大会2020年一致通过74/299号决议,宣布2021年至2030年为"道路安全行动十年",其目标是在这十年间把交通事故伤亡人数减少至少50%。中国交通事故深入研究数据显示,汽车碰撞行人的致死率居交通事故之首[①]。这充分说明在交通事故中,受侵害较大的是步行者。而住区街道不仅是居民步行活动时间最长、交通事故发生频率最高的区域,也是人车冲突最严重的区域。

因此,居民的交通安全性需求,主要是指对交通出行顺利到达目的地的安全性需求。在人居环境层面主要指的是居民对交通安全的满足。对人居环境的交通安全性需求具体体现在步行环境质量和步道设施质量方面。经济的快速发展使得机动车数量呈爆炸式增长,这对居民步行出行造成了极大的威胁,步行交通安全所对应的步行环境质量和步道设施质量直接影响居民对步行出行的选择。各个住区需要根据步行环境、步道设施的实际建设情况,加强安全保护措施,从而满足住区居民对交通安全性的需求(图3-4)。

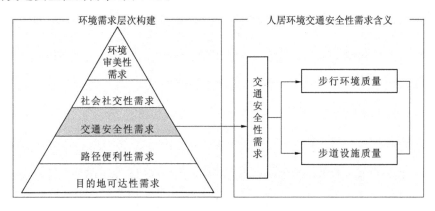

图3-4 交通安全性需求内涵

① 中国汽车技术研究中心. 2017汽车行人保护国际研讨会成功召开[J]. 汽车与安全, 2018(1):106.

(四)社会交往性需求

人的社会性决定人对社会交往具有强烈的需求,通过交往,人们能够产生轻松愉快、身心舒畅的感觉。在居住区设计出满足人们社交需求的环境,可以给居民创造交往空间,从而削弱陌生感,增强私人空间与公共活动空间的联系,同时也可以增强居民对居住区的归属感。

人居环境社会交往性需求主要反映出居民在实际生活和活动中对于情感交流和社会交往的渴求。令人感到舒适、愉悦、和谐的活动空间能提供利于交往的场所,更容易促使居民进行交流活动。人类社会自然存在着人与人之间的互动交往行动,这也是人类社会存续的基础。人是一切社会关系的总和,社交是人类社会的存在方式,是人与人、人与自然、人与社会相互联系的本质体现。人与自然之间的交往联系推进社会的发展,人与人的交往促进利益的发展,从而形成人类社会中的城市。路易斯·康认为"人际交往才是城市的本原"。扬·盖尔在《交往与空间》中针对人的社交性需求所提出的规划设计方法,以及对步行环境与逗留场所的细节设计的建议,都具有里程碑式的意义。

因此,居民对人居环境的社会交往性需求的具体内涵是居民能够在一种安全、舒适的环境中进行活动,增进邻里社交和沟通交流。在人居环境层面主要指的是活动行为是增进邻里交往的关键契机和催化剂。伴随市场经济的发展和社会结构的转变,传统的邻里交往活动在住区中逐渐减少,可通过改善人居环境品质促进居民主体增加步行行为,参与公共空间活动,激发人际互动的积极性与主观能动性,从而增进居民的社会交往。对人居环境的社会交往性需求具体体现在人居环境的便捷感、安全感和舒适感方面(图 3-5)。具有良好社会交往性的人居环境更容易促进户外活动的发生。

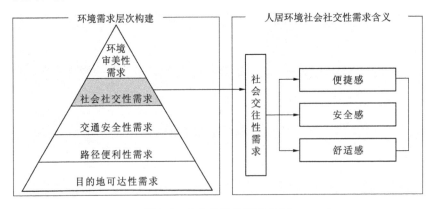

图 3-5 社会交往性需求内涵

(五)环境审美性需求

人居环境审美性需求主要反映居民在户外活动过程中对视觉审美的需求。可通过对人居环境中建筑及景观进行美学设计,满足居民对美好生活的向往和追求。艾伦·卡尔松教授是西方环境美学代表人物,他认为环境美学挣脱了传统美学与如画性(picturesque)传统的束缚,"环境美学"本质上是"日常生活的美学"[①]。作为整体的人类环境不仅包含自然环境美学,而且包含建成环境美学。美学的本质和发展从根本上来说是人类文明发展的感性表现,环境美的本质是家园感[②]。爱美是人类的天性,它是人行动的主要导向与原动力。我国著名哲学家张世英说:"人生有四种境界:欲求境界、求知境界、道德境界、审美境界,审美为最高境界。"[③]环境审美推崇人与自然的和谐,生活是环境美学的主题,涉及人与人、人与环境间的关系,无论是建成环境的形态设计,还是建成环境所营造的环境氛围,都能让人产生对美好环境的追求和向往。

因此,人居环境审美性需求是人通过进行户外活动实现精神的放松、情感的交流以及对美的享受。令人愉快、场景不断变换的人居环境更容易让人在其中进行重复活动。对人居环境的审美性需求具体体现在人居环境的美观感、吸引感和通透感上(图3-6)。拥有具有审美性的人居环境更容易促进步行等体力活动行为的发生。

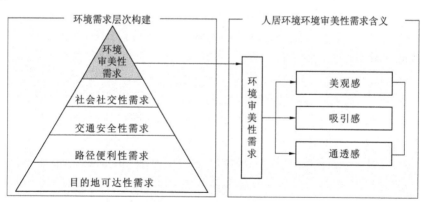

图3-6　环境审美性需求内涵

① 卡尔松.从自然到人文:艾伦·卡尔松环境美学文选[M].薛富兴,译.广西师范大学出版社,2012.

② 陈望衡,陈露阳.环境审美的时代性发展——再论"生态文明美学"[J].郑州大学学报(哲学社会科学版),2018,51(1):5-9,158.

③ 张世英.新哲学讲演录[M].桂林:广西师范大学出版社,2004.

综上所述,居民的人居环境物质需求集中体现在目的地可达性需求、路径便利性需求、交通安全性需求这三个方面,居民的人居环境精神需求集中体现在社会交往性需求、环境审美性需求这两个方面。

第三节　健康导向型人居环境的基本属性

住区通过自然环境、交通环境和配套环境等客观物质空间以及人文环境、文化环境和心理环境等要素来影响人们对环境的感知,进而满足居民对住区环境的需求,从而对他们的心理和行为意向产生影响。健康的人居环境必然以人为主体、以健康为导向,将人的物质需求和精神需求提炼放大,在满足居民对生态环保、舒适性与人性化等需求的同时,创建一种具有审美价值、情感认同、可持续发展的理想环境。

WHO 总结了满足人类基本生活需求的条件,提出了居住环境建设的四项标准,即"安全性""健康性""便利性"和"舒适性"[①]。根据吴志强等学者在《城市规划原理》(第四版)中的观点:居住区首要的功能是居住功能,提供令人满意的住房,应与居民生活方式和经济承受能力相一致,提供一个安全、健康的居住环境。其次,应通过公共服务设施和基础设施的合理配置,使公共成本最小化,体现设施配置的合理性。再次,采用环境友好型的规划建造技术和方法,尽可能地生态友好、环保、节能、省地。再者,通过邻里、社会网络、组织机构、教育系统和环境设施提供社会互动功能。最后,是对多样性的包容,赋予居民以场所感、归属感、自豪感和满足感[②]。

一些学者对健康人居环境的特征和属性进行探讨,认为健康人居环境应该具有健康性、宜居性和归属感等特征,主要体现在生态性、舒适性、便利性、安全感和交流感等方面[③]。朱小雷教授指出,主体对建成环境的心理标准大致为使用功能的实用性、安全感、健康感、秘密性、便利性、环境美观性、舒适性、生活趣味性、回归自然性、生活的意义性[④]。这十大标准包含环境的显性和隐性要素,构成一般评价体系中的基本参考框架。总结学者们的观点并结合居民对住区环境的基本需求,本书将健康导向型人居环境的基本属性设定为健康性、宜居性、游憩性和安全性(表3-2)。

---

① 沈玉麟.外国城市建设史[M].北京:中国建筑工业出版社,1989.

② 吴志强,李德华.城市规划原理[M].4版.北京:中国建筑工业出版社,2010.

③ 汤伟清.健康人居环境的特征与营造策略[J].传播与版权,2018(9):137-139;赵肖,杨金花.城市人居环境健康宜居性探析[J].艺术科技,2014,27(4):280.

④ 朱小雷.建成环境主观评价方法研究[M].南京:东南大学出版社,2005.

表 3-2	健康导向型人居环境的基本属性
基本属性	具体内容
健康性	住区环境整洁卫生,环境资源生态环保、具有可再生性
宜居性	住区环境优美舒适,生活出行便捷,具有完善的配套设施
游憩性	住区及附近的活动场所具有休闲娱乐、放松身心的功能
安全性	居民日常生活、交通、游憩环境安全,公共基础设施安全

一、健康性

健康人居环境所指的"健康"与传统概念中的健康存在一定差异,此处"健康"的涵盖范围和意义更加广泛,不仅限于生命领域的健康概念,而是将健康延伸至一个更为广阔的层面,以基本的生理健康为前提,将生态性、可持续发展性的功能放大,营造和满足人类对居住环境的精神需求。人居环境的健康性主要体现在以下方面:①生态环保。当前人类对居住环境的需求已经不仅限于简单的居住,居住环境构建中的可持续发展理念也是人类发展需要关注的重点问题,人类对于环境的破坏已经处于自然承载力的边缘,重视环境的生态保护,避免建筑资源的浪费,是构建健康人居环境需要关注的重点问题。②放松身心。人类健康的定义包括生理健康和心理健康两个层面,现代社会的生活压力持续增大,人需要通过外界环境来放松、缓解和释放内心的压力,因此,健康人居环境应当具有放松身心的特征和功能,以满足人类对居住环境的功能需求。③绿色材料。进行健康人居环境的构建需要保证使用绿色材料,通过绿色材料表现健康人居环境的主题和环境。

二、宜居性

宜居性是健康人居环境的基本属性,人类对居住环境的基本需求和发展需求都包含了宜居性特征,同时,宜居性也是人居环境发展的必然结果。现代生活主要以城市生活为主,舒适性以及生活便利性是人居环境的基本条件,同时也是满足宜居性需求的重要基础①。健康人居环境契合了人类对居住环境的基本需求,也能够体现宜居性特征。健康人居环境的宜居性主要体现在以下方面:①舒适性。舒适是宜居性的重要前提,在舒适的居住环境中,人文景观与自然景观相互协调,能够体现优美怡人的基本特点。②以人为本。健康人居环境的本质是为人类服务,提高环境的舒适性,体现"以人为本"的理念。③便利性。人类居住环境系统中应

---

① 韩秀琦.构建健康的城市人居环境——住区规划必须与城市环境有机衔接[J].住区,2016(6):34-36.

当包含基础服务配套设施,满足群众的购物、上学、出行以及就医需求,最大限度体现生活的便利性。④安全性,人身安全是健康的基本前提,健康人居环境能够给人类提供安全的生存和生活空间,能够通过有序的秩序维护、安全防护措施的应用、保全系统的构建保障居住环境的安全。

三、游憩性

人居环境需要得到居民的认可,体现居民对人居环境的休闲需求和归属需求。健康人居环境在满足居民基本的生理需求之外,还需要满足居民追求美好生活的精神需求。健康人居环境的游憩性主要体现在:①舒适感。舒适感是指使用上和视觉上的感受,即轻松和安逸等感觉。在健康的人居环境中,能让人产生舒适感的要素包括新鲜的空气、充足的阳光、合适的温度、适宜的绿化、完善的公共基础设施等,这些也是人居环境是否舒适的决定性因素。②识别感。健康人居环境通过标志性识别物给人以强烈的视觉感受,使人能够对人居环境的功能及特色产生印象深刻的独特记忆。③交流感。人居环境通过环境和空间,构建不同个人以及家庭之间的环境连接关系,同时也应用外界环境为亲人、朋友或者邻居建立良好的交流空间,营造可持续发展、具有审美艺术并与人类心理和情感互融的人居环境,可以加深人们对归属感的主观体验。

四、安全性

安全性包括外在的安全感与心理层面的安全感。外在的安全感主要取决于建筑结构的安全性、室内空间的安全感、周边环境的私密性与公共安全防范措施等。心理层面的安全感,取决于环境的整体布局、空间的整体规划以及空间尺度等。安全需求是人类最基本的心理需求,同时,安全性也是健康人居环境所应具有的最基本的属性。安全性主要体现在以下几点:①安全感。人居环境空间的合理规划和布局能够给人安全感,健康人居环境需要满足人类对安全感的基本心理需求。②归属感。人居环境的归属感主要体现在居民对小区的认同与喜爱。安全感和交往性是居住区归属感的基础。人居环境布局合理、小区识别性强、布置具有地域特色景观与设施,都可以增强居民的归属感。③安全的生存空间。人居环境的安全性应该是多方面的,既包括交通安全、人身安全、社会安全,还应该具备健全的法治秩序、完备的防灾与预警系统、安全的日常生活环境和交通出行系统。

第四节　健康导向型人居环境的规划拓展

健康城市理念的核心宗旨是通过相应措施或者渠道使公众明白自身的健康状

态或者健康需求,从而促进他们采取行动改善健康状况,这一目标的实现需要借助人居环境设计和规划。简而言之,人居环境设计可以改善环境对人的健康的影响并引导公众养成积极健康的生活方式。基于对健康城市理念和健康导向型人居环境的解读,本书认为健康导向下人居环境的规划拓展主要体现在以下四个方面。

一、更加长远的目标

从健康角度来看,城市人居环境虽然能带来不少的健康效益,但人居环境设计不当导致的健康问题也有很多,本着环境服务于人、造福于人的原则,人居环境设计不应仅仅停留于环境的表面美化,应当有更加明确深远的目标。健康城市理念强调以人的健康结果为导向,积极主动地通过设计手段改善步行空间状态,引导人养成积极健康的生活方式,促进人居环境的可持续发展。

二、更加精细的策略

健康城市理念下的人居环境设计注重利用特定空间要素的特性,不仅仅可以解决看得见的空间问题,改善人居环境质量,还可以促进体力活动的发生。国内外大量研究表明,可以根据各类环境特征和空间要素对人的健康状况的影响来进行环境设计。

三、更加公平的设计

健康城市理念在设计上更加关注公平。在日常生活中,设计为大多数人服务的传统观念导致现有城市步行空间设计忽视了老人、儿童、残障人士等弱势群体。这些最容易被忽视的人群在城市空间中受不健康因素的威胁也是最大的,在健康视角下是最应该受到关注的。针对城市空间中的健康不平等现象,健康城市理念强调从健康关怀的角度出发考虑差异化的人群需求,把握不同人群的行为特征,提供多样的活动空间,尤其是在设计上应给予老人、儿童、残障人士等弱势群体更多的健康关注。

四、更加优良的品质

环境心理学家相马一郎认为,人们在使用空间之前都要先试着去认识空间,然后才会根据自己的认识来指导自己的行为。空间质量是住区空间最直接、形象的表现,人们习惯通过对形象和实际的感知来进行判断。良好的空间质量可以吸引人们去体验空间,参与健康行为活动,并且能产生对空间的认同感和归属感;良好的空间品质是人们的健康保证,能够使人心情愉快,提高人的心理健康水平。因此,在健康城市理念下,人居环境的规划应通过营造更高品质的住区空间、引导居民长期性的健康行为活动、塑造更具有吸引力的空间来促进居民健康生活方式的养成。

综上所述,人居环境在发展的过程中被赋予了越来越多的内涵,在城市逐渐形成区域发展形态,人居环境建设也开始以社区形式进行统筹,同时开始以更加可行的方法和理论打造"社区＋景观""公园城市""森林城市"等绿化景观,将越来越注重公平、人与生态环境的和谐共生,更多注入低碳绿色的设计理念。在规划布局上更加关注人们的需求,以维护人的基本权益为切入点,关注人们的交通出行问题、健康安全问题,为居民带来全方位、多角度的全新生活体验和健康生活方式。

第五节　本章小结

本章基于相关理论和研究成果全面分析了健康导向型人居环境的影响要素,首先对健康导向型人居环境的构成要素进行了详细说明,将社区人居环境的构成要素分成物质环境与精神环境两类,物质环境主要由交通环境、自然环境、配套环境组成,精神环境主要由人文环境、文化环境、心理环境组成,这也是健康导向型人居环境评价的重要参考指标。其次,从物质需求和精神需求两个维度展开健康导向型人居环境的主体需求分析,将其进一步分解为目的地可达性需求、路径便利性需求、交通安全性需求、社会交往性需求、环境审美性需求五个层级。再次,总结学者们的观点和主体的需求特征,将健康导向型人居环境的基本属性设定为健康性、宜居性、游憩性和安全性。最后,提出健康导向型人居环境规划拓展的方向。

第四章　健康导向型人居环境的评价指标研究

第一节　评价指标体系的构建思路

一、总体思路

1.评价标准

基于美国心理学家马斯洛的需求层次理论和马克思需求理论观点,结合相关学者的研究成果、专家意见及第三章中"健康导向型人居环境的主体需求"部分内容,确定现阶段我国居民对于住区环境的需求包括可达性、便利性、安全性、交往性、审美性等方面。居民的需求标准即健康导向型人居环境评价研究的评价标准。

2.环境构成分析

根据第三章中"健康导向型人居环境的构成要素"部分内容,可知城市人居环境主要由物质环境和精神环境构成。其中,物质环境中的自然环境和配套环境又可以被认为是一种游憩环境,既提供了居民休闲娱乐的空间,又提供了居民健身锻炼的配套设施;交通环境则为居民提供了道路网络,让居民能够便捷地到达目的地。精神环境中的人文环境、文化环境和心理环境是满足居民对于社会交往、文化和空间归属等方面的心理情感需求的场所。基于此,本书将健康导向型人居环境设为由交通环境、游憩环境和人文环境三大子系统构成。

3.评价要素分析

以交通环境、游憩环境和人文环境三大人居环境子系统为出发点,参考学者们对健康人居环境评价、步行适宜环境评价、健康住区评价等的调查和研究,在居民需求标准的基础上进行评价要素的分析。

4.评价指标确定及评价指标体系构建

基于居民对人居环境的需求标准以及居民主观评价与评价要素的特点,结合国内一些学者关于此类相关指标的研究,在咨询专家意见的基础上,进一步分解评价要素,确定评价指标,构建完整的评价指标体系。

二、方法选择

评价指标体系的构建是既烦琐又复杂的系统工程,要求研究者对所要评价的事物有全面、系统和客观的认识。各项评价指标在评价指标体系中的作用和重要程度是不同的,为了体现这种不同,在评价指标体系建立后,需要对各项评价指标赋予不同的权重系数。指标权重从两个方面确定:一是指标本身在决策中的不同重要性与它们之间所产生的协同效应,二是决策者对不同指标的重视程度。本书结合以下三方面来选择评价方法。

(1)所选的评价方法能够帮助处理复杂问题,因为城市人居环境属于综合、复杂的系统,它涉及面广,包含不同学科的相关内容。

(2)在评价方法的选取过程中,研究者需要具备定性指标和定量指标的分析能力,并且能够由定性判断转化为定量判断,既需要定量指标,也需要定性指标。

(3)评价过程中需要考虑居民的参与度,故所选方法应简便易操作、适应性强。

基于上述考虑,本书最终选用专家咨询法和层次分析法,将专家咨询法和层次分析法结合起来,对评价指标进行赋权,在指标赋权客观、合理的情况下,防止主观因素的影响,使评价结果更加科学、准确。

1.专家咨询法

专家咨询法又被称为德尔菲法,是 20 世纪 60 年代初美国学者提出的一种定性的研究方法,为了避免专家们聚集在一起讨论问题时盲目服从于多数或因对权势的惧怕而屈服[1]。该方法以匿名的方式向专家发放问卷,征求其看法,由于这种方法很大程度上依赖专家个人的经验和学识,所以具有一定的主观性,但通过集成多数专家的意见并进行整理归纳,可在一定程度上化主观为客观。专家咨询法常采用多轮打分的方式,经过多次专家意见征集、反馈以及调整修改后,取得尽可能一致的意见。

2.层次分析法

层次分析法(The Analytical Hierarchy Process,AHP)最早由美国运筹学专家萨迪于 20 世纪 70 年代在研究美国国防部课题时提出,是一种将定量与定性分

---

① 宋永昌,由文辉,王祥荣. 城市生态学[M]. 上海:华东师范大学出版社,2000.

析相结合,将人的主观判断用数量的形式表达和处理的多准则的决策分析方法[①]。层次分析法是对决策问题的影响因素和内在关系进行分析,利用少量信息使决策过程数量化、层次化、条理化,适用于多目标、多准则的复杂决策问题。层次分析法可以将定性判断转化为定量判断,使决策思维的过程更加规范化。

层次分析法中的递阶层次结构模型将研究问题系统看待,进一步分析所要研究的各种因素以及它们的关系,将这些不同因素分为不同的层次,用1~9比率标度方法罗列评价问卷,让被调查者进行评价,在对评价指标的两两比较中得出判断矩阵,应用计算方法求出矩阵的特征向量。根据矩阵理论,判断矩阵的特征向量,将定性分析转化为定量分析,从而得出各项指标的权重及其对总目标的组合权重。其优点是将定性与定量分析相结合以处理难以量化的复杂问题;决策者可以直接参与决策,可将定性分析转为定量分析;方法灵活且实用。城市人居环境的主观评价指标数量较多,评价指标难以定量,因此,用层次分析法来确定其指标权重是合适的。

三、基本步骤

健康导向型人居环境评价指标体系构建的基本步骤如下。

1. 评价目标及内容的确定

首先明确目标是健康导向型人居环境评价指标体系,根据目标对与体力活动和健康相关的人居环境评价内容展开研究。

2. 评价指标的选取

选取过程分两步:评价指标的初选和评价指标的筛选与确定。首先,对现有的标准规范、相关理论研究、健康人居环境影响要素进行归纳、总结与分析,基于健康视角,初步选取适当的评价指标。其次,通过德尔菲法反复征求专家意见,对初选指标进行修正,当专家意见达成一致时,确定最终的评价指标。

3. 评价指标权重的确定与检验

对所选评价指标根据属性分层次,构造层次结构化模型、构建成对比较矩阵,通过问卷咨询专家,对指标两两间进行重要性比较,确定评价指标权重。对各项结果进行一致性检验,及时对权重进行调整及修正,直至结果通过一致性检验。

---

① CHICLANA F, HERRERA F, HERRERA-VIEDMA E. Integrating three represen-taion models in fuzzy multipurpose decision making based on fuzzy preference relations[J]. Fuzzy sets and systems,1998(7):33-48.

第二节　指导理念与基本原则

一、指导理念

指导理念是确保指标体系构建和研究方向正确的重要保障。健康导向型人居环境评价指标体系的构建遵循以下指导理念。

(一)立足中国国情

任何研究都有其基础和条件,需要扎根于其所在的经济与社会土壤。我国的经济社会发展以及社区建设和管理模式不同于西方,这决定了我们需要本土化的研究成果。首先,我国现代化的城市以及社区建设在短短几十年的时间内走过了西方上百年的发展历程,其间的矛盾和问题自然有别于西方。其次,我国健康人居环境的建设模式和设施条件等也不同于西方。最后,我国的老龄化问题也有着明显的"中国特色"——发展速度快、老龄化程度持续加深等,养老问题的社会基础也不同于西方。

西方国家的人居环境规划研究为我们提供了诸多可资借鉴之处,但我国的人居环境研究需要立足于中国的国情,构建适宜中国本土环境和客观条件的评价指标体系。虽然我国不同区域、不同经济发展水平和规模的城市社区之间存在差距,但基于总体大环境,中国城市社区在建设和发展过程中出现的问题具有一定的普遍性和同质性。因此,基本的发展思路是统一的。

(二)坚持以人为本

人居环境是人聚居生活的空间,人是人居环境的主体。芒福德曾提出要以"人的尺度"为基准进行城市规划。吴良镛院士也曾多次强调,人居环境科学的核心是以人为本,人文关怀是人居环境科学的根本出发点。以人为本就是以人为中心,以人的需求和根本利益为出发点和归宿,体现出对人的尊重、理解和关怀。当然,以人为本的前提是人类与自然环境和谐共处。具体到以健康为导向的人居环境评价方面,就是选取评价指标时着重体现与居民居住、生活、发展等密切相关的要素。构建健康人居环境的目的就是为居民创建适宜的居住环境,促进居民身心健康,提高生活质量,真正建设以社区为依托的健康城市。因此,我们在构建健康导向型人居环境评价指标体系时就需要关注居民的需求,体现与居民健康息息相关的要素以及居住人群的空间利益诉求,尽最大可能满足人们的物质需求和精神需求,提高人群的居住满足感和幸福感。

二、基本原则

由于健康导向型人居环境建设是一项多层次、多系统的复杂工程,对这一复合系统的状态和变化的描述,不能仅凭借几个独立的指标。因此,需要用由多个指标组成的有机的指标体系来整体、系统地反映健康人居环境的状况。与人的健康行为相关的人居环境因素有很多,其评价标准也因侧重点不同、评价原则不同而有很大的差异。

就人居环境健康设计而言,除了要满足城市规划、建筑设计的相关标准,还要体现健康要素在设计中的地位,需要从健康的角度为各相关要素确定对应的评价指标,构建评价指标体系。这个评价指标体系的构建既不能脱离当前的社会、经济、技术的发展水平,又要具有一定的超前性来体现未来社会、经济及技术的发展方向,从而引导健康设计技术水平不断提高。本书是在健康城市的理念下,以评价人居环境是否促进居民健康行为的发生为基本导则,以促进公众健康作为出发点,建立一个多种要素、多种层次融合的评价指标系统。由于涉及的评价指标众多,因此,在选择时综合考量其重要性,择优选取。为了客观、全面、科学地衡量健康导向型人居环境的状况,评价指标体系的构建除了要符合统计学的基本规范外,还要遵循以下几条基本原则。

(一)客观与实操相结合

由于人居环境涉及社会经济、产业布局、空间形态、规划设计等多角度、多层面的内容,因此对相关评价指标的选取要综合、全面,以防评价结果过于片面。评价指标的选取和确定是为了向规划设计者或城市建设者提供参考,因此选取指标时要多考虑指标判别的实际操作性。首先要整体把握健康住区指标尺度,在立足大众住区及以维护健康为起点等要素基础上,向有益健康过渡;其次,既要考虑居住者在经济上的承受能力,又要能对其健康水平有一定的提高;最后,做到于国有利,于民有利,于研究有利,于推广先进的健康理念有利。

(二)定量与定性相结合

指标选择必须注重可量化的程度,既要尽量避免选取模糊、较难量化的复杂指标,又要保证该指标能够全面地反映住区环境的健康水平。但是由于人居环境的建设受到社会、经济、人文、生产、生活等多个方面的影响,也有必要设置一些定性指标。从人的健康角度去评价,才是健康城市理念的核心。需要注意的是,为了避免不确定性和主观性导致评价不科学的情况发生,要尽量对难以度量的要素指标进行科学量化分析。

(三)可比性与可行性相结合

可比性是指在指标选取时要求每一个评价指标都能够在时空范围内进行比较。可行性是指数据选取还需要判断资料收集和评价分析的难度,不能单纯追求指标的数量,而忽视后期操作的可行性。因此,应尽量选取可以通过调查得到的指标,以免选取的指标阻碍得出准确的评价结果。同时,应遵循规范化、标准化选取原则,选取的指标有准确的计算或统计方法、明确的概念和可比性,要尽量采用和遵循已得到国内外公认的指标计算方法。除非确有科学依据,否则应当与现行的城市居住区相关的各种国家、地方规范的有关指标保持一致,不要使用无法统计、计算的指标以及不便于进行比较的指标。

(四)超前性和弹性相结合

任何科学实践都受到时代的限制并随着时代的发展不断得到完善,在现有的经济技术条件下,所设定的指标体系肯定不能完全反映未来健康住区的发展状况。因此,评价指标体系的构建要具有超前性,使之具有一定的时效性。同时,评价指标体系的构建要具有弹性,使之能够随着时代的发展而不断得到更新。城市化背景下的人居环境保护与建设是一个长期和动态的过程,所构建的评价指标体系要能反映这一过程。评价指标体系还应具有一定的灵活性,为将来增加或改变某些单项指标提供接口。

国内的一些研究也提出了许多指标体系的建立原则,如系统性、动态性、层次性、相关性、引导性、空间性、简明性、独立性、代表性、稳定性以及动态与静态相结合的原则等,这些原则在健康导向型人居环境评价指标体系的构建过程中都应予以适当的考虑。

本书在遵循上述评价指标体系建立原则的基础上,根据健康导向型人居环境的构成要素,初步建立了能综合反映自然、社会、经济系统的评价指标体系,不同的技术、经济发展水平的地区在应用这个评价指标体系时,要根据各自的具体情况对其中的指标进行适当的增加或删减,使之既反映健康人居环境的基本要求,又与实际所能达到的目标相一致。从某种意义上说,这样的综合评价指标体系可以被看作一个指标体系框架、一个参考依据,而不是一个固化的标准,其最终的目的是促进居民体力活动行为的发生,提高其健康水平,最大限度地减少已知或可能会对居民健康有影响的因素,建设有利于居民健康的住区环境。

第三节 评价指标体系的初步构建

一、构建依据

吴良镛教授指出:"人居环境是与人类生存活动密切相关的空间,是人类在大自然中赖以生存的基地,是人类利用自然、改造自然的主要场所。"[①]健康的人居环境是以人为本,以满足人居住、生活、活动等各种需求为目的的客体[②]。随着社会发展和时代的进步,人的需求也随之发生改变,从满足基本的生存、物质、安全需求到更高层次的文化、精神、情感的需求,从追求多功能的建设环境到追求贴近原生态的自然环境,最终目的都是寻求自身整体的、全面的健康。健康导向型人居环境是通过物质环境与精神环境的耦合,为人们提供与进行各种体力活动相适应的空间,最终达到促进人群健康的目的。因此,健康导向型人居环境评价指标体系的构建也应从这两方面入手,其中活动空间的审美性、可及性、便利性以及是否充满活力、感情与交流等是评价人居环境质量高低的标准。

人居物质环境是指一切服务于城市居民并为居民所利用,以居民的体力活动为载体的各种物质设施的总和。它是一切有形环境的总和,是自然要素、配套要素和交通要素的统一体,由各种实体和空间构成。具体而言,人居物质环境由居住条件、生态环境质量、交通系统性能、配套设施服务水平等指标反映。人居精神环境即人居社会环境,它更多地涉及心理学和行为科学的研究内容,指的是居民在利用和发挥硬环境系统功能中形成的一切非物质形态事物的总和。人居精神环境虽然是一种无形的环境,但居民随时随地身处其中并感受其效果,如安全和归属感、生活情趣、社会秩序、信息交流与沟通、生活方便舒适程度等。人居物质环境与精神环境的关系体现为物质环境是精神环境的载体,而精神环境的可居性是物质环境的价值取向。

任何一个人居环境形成以后,它不仅是物质的实体环境,还是一个社会环境。人居环境应实现社会效益、环境效益和经济效益的统一,具有可居性,而衡量人居环境质量和效益的主要标准就是人居物质环境与精神环境的呼应程度,即以各类居民的行为活动轨迹与其所属的软、硬环境是否适合作为标尺。人居环境中的物

---

① 迟丹.东北城镇适宜性人居环境的构建元素[J].文教资料,2018(29):47-48.

② 高家骥,朱健亮,张峰.城市人居环境健康评价初探——以大连市为例[J].云南地理环境研究,2015,27(3):33-40.

质环境与精神环境是有机联系的,物质环境是服务于人并为人所利用,承载人各种身体活动的有形环境的总和;精神环境更多的是一种非物质形态,是人在利用物质环境时所创建的涉及情感、文化等的无形环境的总和[①]。因此,对健康导向型人居环境的评价必定是在物质环境和精神环境的基础上展开的,应将人居环境内涵和健康促进目标深度结合,进一步分解为与可评价的物质环境、游憩环境和人文环境要素相关联的指标集合。

二、指标参考

对于健康导向型人居环境指标的选取与确定,可以参考以下几个方面。

(1)广泛搜集国内外健康城市、居住区景观评价、健康住区等相关资料及标准规范,对其中出现频次较高、研究热度较高的指标进行统计分析,选出与人居环境健康影响联系度高、代表性强的指标。物质环境维度下的客观物质指标基本集中于场所便利性、目的地可及性、道路连接性、环境美化性、治安安全性等方面,精神环境维度下的主观感知指标基本集中于文化环境、心理环境、交往环境等方面。

(2)对住区居民进行访谈,了解居民的实际想法和需求,参考居民的意见和环境感知内容,将其作为选择评价指标的参考意见。

(3)将上文中对健康导向型人居环境内涵的界定,以及健康人居环境构成要素和居民需求的分析结果作为指标体系建立的依据。

(4)就搜集和统计出的指标进行专家咨询,并将汇总的居民意见告知专家作为参考,初选出健康导向型人居环境评价指标。

三、指标初选

在进行指标初选时,本书首先收集了一些城市规划部门、体育部门、设计院等相关单位工作人员及高校相关专业专家与学生的意见,结合实际调研中发现的人居环境健康问题进行归类与整合。同时,综合整理了相关研究文献中与体力活动相关的人居环境评价因子,并对其进行分类和侧重性选择,主要参考了国外比较成熟的社区步行性环境调查(Neighborhood Environment Walkability Survey)[②]、欧

① 卢丹梅. 城市健康住区环境构成及评价指标研究[D]. 武汉:华中科技大学,2004.

② GILES-CORTI B,BROOMHALL M H,KNUIMAN M,et al. Increasing walking:How important is distance to,attractiveness,and size of public open space? [J]. American journal of preventive medicine,2005,28:169-176.

文—明尼苏达目录(the Irvine-Minnesota inventory)①、阿方索(Alfonzo)的步行需求层级模型②等。在健康城市理念的指导下,遵循科学、全面、整体的思想,初步建立了一个由 3 个一级指标、10 个二级指标和 46 个三级指标构成的健康导向型人居环境评价指标体系(表 4-1)。

表 4-1　　　　　　　　**初步构建的健康导向型人居环境评价指标体系**

一级指标	二级指标	三级指标
A1.交通环境	B1.目的地可及性	C1.商店在您步行或骑行距离内 C2.超市在您步行或骑行距离内 C3.公交站点在您步行或骑行距离内 C4.配套设施在您步行或骑行距离内 C5.活动场所在您步行或骑行距离内
	B2.道路连接性	C6.十字路口连接合理 C7.街道数量合适 C8.街边道路卫生情况好 C9.街道路面平坦舒适 C10.街边道路照明情况好
	B3.治安安全性	C11.社区周边治安好 C12.社区周边犯罪率低 C13.社区周边交通安全性好 C14.活动设施设计安全 C15.噪声和污染小 C16.体育设施使用年限/维修情况
A2.游憩环境	B2.环境美化性	C17.环境清洁卫生 C18.绿化等景观元素多/色彩丰富 C19.配套设施(洗手间、遮阴和挡雨棚)完善 C20.自然资源丰富(湖泊、山水) C21.植被多样性 C22.自然环境采光好
	B5.场所便利性	C23.住区附近有城市公园 C24.住区附近有休闲广场 C25.住区附近有健身绿道 C26.住区附近有步行路径/自行车道

① BOARNET M G,DAY K,ALFONZO M,et al. The Irvine-Minnesota inventory to measure build environments:Reliability tests[J]. American journal of preventive medicine,2006,30(2):153.

② SAELENS B E,HANDY S L. Built environment correlates of walking:A review[J]. Medicine & science in sports & exercise,2008,40(7):550-566.

续表

一级指标	二级指标	三级指标
A2.游憩环境	B6.设施丰富性	C27.生活配套设施齐全 C28.休闲娱乐设施齐全 C29.健身设施/器材齐全
A3.人文环境	B7.特殊设计	C30.设有老年人活动场地 C31.设有儿童活动区域 C32.设有无障碍设施
	B8.心理情感	C33.环境认同感 C34.环境归属感 C35.活动氛围好 C36.故乡情结/乡愁浓厚
	B9.地域文化	C37.非遗文化 C38.展现历史文脉 C39.突显城市文化 C40.具有地方特色
	B10.社会交往	C41.交流与沟通顺畅 C42.社区生活文明 C43.提供文化/健康教育 C44.邻里关系融洽 C45.相处关系融洽 C46.体育活动/指导服务

第四节　评价指标的确立与释义

采用德尔菲法对初步确定的评价指标进行筛选。以专家的原始调查意见为基础,结合定量的数据统计分析,综合考虑意见的一致性和协调性,从而满足整体意见收敛性的要求,获得群体决策下的最优指标,集聚有可信度的评价指标因素,使筛选过程更加科学合理。专家团队共由 30 位经验丰富的高校科研机构教师、规划设计院的规划师以及城市规划管理部门的管理者等组成。将各评价指标分别设计"保留""删除""修改及修改建议"三个选项,请专家对指标是否合理进行判断并提出意见,根据指标的通过率进行筛选。评价指标共经过 3 轮专家论证。

一、专家筛选结果

在第一轮的专家筛选中,发放给 30 位专家的问卷均有效回收,一级指标和二级指标均得到专家的认可,通过率为 100%。第一轮专家论证意见如表 4-2 所示。

表 4-2　　　　　　　　　　　第一轮专家论证意见

评价指标	通过率	主要意见	处理结果
C11.社区周边治安好	55.1%	建议与 C12 合并为一个指标	调整
C15.噪声和污染小	33.0%	难以统计测量	删除
C21.植被多样性	52.0%	归入 C20 中	调整
C34.环境归属感	65.3%	建议与 C33 合并为一个指标	调整
C37.非遗文化	57.2%	归入 C40 中	删除
C45.相处关系融洽	43.0%	与 C44 表达意思重复	删除

根据专家意见,对三级指标 C15、C21、C37、C45 进行了删除,并将 C11 和 C12 合并归为一个指标,命名为"住区周边治安好/犯罪率低",将 C34 和 C33 合并归为一个指标,命名为"环境认同/归属感"。综上,经过第一轮专家筛选,保留了一级指标和二级指标,46 个三级指标修订为 40 个。

根据第一轮专家筛选的结果,对评价指标进行了整理并对保留下来的一级和二级指标进行了五分制(5,4,3,2,1)赋值,分别代表"非常重要""比较重要""一般重要""不太重要""很不重要",邀请专家对各项评价指标进行打分。此轮 30 份问卷均有效回收,根据问卷结果进行统计和检验分析。第二轮专家调查统计分析参数见表 4-3、表 4-4。评价指标筛选的依据为:指标变异系数小于 0.25;内部一致性较好,即 $P<0.05$;所选指标的平均得分在 3.5 分以上[①]。本次统计结果显示,一、二级指标中,专家的评分均在 4.231～4.832,变异系数<0.2,$P<0.01$,3 个一级指标和 10 个二级指标均符合要求。三级指标中"C16 体育设施使用年限/维修情况"和"C19 配套设施(洗手间、遮阴和挡雨棚)完善"不符合要求而被删除,其余指标均保留。经过第二轮专家论证,最终保留 2 个一级指标、10 个二级指标和 38 个三级指标。

表 4-3　　　　　　　　第二轮专家调查统计分析参数(一级指标)

一级指标	平均数	标准差	变异系数
A1	4.716	0.435	0.088
A2	4.627	0.461	0.091
A3	4.515	0.507	0.132

注:$P<0.005$,具有较好的内部一致性。

① LOBSTEIN T,JACKSONLEACH R,MOODIE M L,et al. Child and adolescent obesity:Part of a bigger picture[J]. Lancet,2015,385(9986):2510-2520.

表 4-4 第二轮专家调查统计分析参数(二级指标)

二级指标	平均数	标准差	变异系数
B1	4.810	0.432	0.087
B2	4.678	0.471	0.092
B3	4.388	0.521	0.125
B4	4.832	0.435	0.086
B5	4.660	0.653	0.173
B6	4.663	0.797	0.196
B7	4.231	0.502	0.117
B8	4.562	0.486	0.103
B9	4.353	0.612	0.136
B10	4.587	0.652	0.168

二、评价指标的确立及权重

(一)指标权重的确定

利用层次分析法确定指标权重的步骤如下。

(1)问题分解。把复杂问题分解为若干元素,把元素按属性分成若干组,以形成不同层次,为建立递阶层次结构做准备。

(2)建立递阶层次结构。对评价要素进行逐层分解,形成多层次的指标体系。指标作为准则对下一层次的某些指标起支配作用,同时又隶属于上一层次的指标,受到上一层次指标的支配,这种自上而下的支配关系形成递阶层次。

(3)构造比较判断矩阵。结合问卷调查法用比例标度将决策者的判断量化。在构造判断矩阵之前,要结合问卷结果对指标重要性进行排序。从模型的第二层开始,将同层各个因素进行两两比较。对其两两之间的相对重要性进行判断,并用1~9标度构成比较矩阵,进行量化。

(4)层次单排序。对各判断矩阵进行求解,计算出反映上层某元素和下层与之有联系的元素重要性次序的权重。

(5)层次总排序。在层次单排序的基础上,计算每一层次中各指标对于总目标的合成权重。

（二）评价指标体系的确定

在筛选出健康导向型人居环境评价的各项指标后，采用层次分析法来确定指标权重。按照相关步骤，向 30 位专家发放问卷，对这 30 份有效反馈问卷计算指标权重，经过权重矩阵的一致性检验，各指标均符合标准。由此，最终确定了健康导向型人居环境评价指标体系（表 4-5）。

表 4-5　　　　　　　　　　　健康导向型人居环境评价指标体系的确立

一级指标	二级指标	三级指标
A1. 交通环境 （0.3085）	B1. 目的地可及性 （0.4031）	C1. 商店在您步行或骑行距离内（0.1301） C2. 超市在您步行或骑行距离内（0.1232） C3. 公交站点在您步行或骑行距离内（0.1725） C4. 配套设施在您步行或骑行距离内（0.2053） C5. 活动场所在您步行或骑行距离内（0.3691）
	B2. 道路连接性 （0.3572）	C6. 十字路口连接合理（0.2361） C7. 街道数量合适（0.2253） C8. 街边道路卫生情况好（0.0602） C9. 街道路面平坦舒适（0.3561） C10. 街边道路照明情况好（0.1223）
	B3. 治安安全性 （0.2249）	C11. 住区周边治安好/犯罪率低（0.3875） C12. 社区周边交通安全性好（0.5532） C13. 活动设施设计安全（0.0593）
A2. 游憩环境 （0.4333）	B4. 环境美化性 （0.3426）	C14. 环境清洁卫生（0.2654） C15. 绿化等景观元素多/色彩丰富（0.3563） C16. 植被/山水等景观（0.2805） C17. 自然环境采光好（0.0978）
	B5. 场所便利性 （0.3346）	C18. 住区附近有城市公园（0.3553） C19. 住区附近有休闲广场（0.2275） C20. 住区附近有健身绿道（0.3151） C21. 住区附近有步行路径/自行车道（0.1021）
	B6. 设施丰富性 （0.3228）	C22. 生活配套设施齐全（0.3151） C23. 休闲娱乐设施齐全（0.3316） C24. 健身设施/器材齐全（0.3533）

续表

一级指标	二级指标	三级指标
A3.人文环境 (0.2582)	B7.特殊设计 (0.1558)	C25.设有老年人活动场地(0.3652) C26.设有儿童活动区域(0.3528) C27.设有无障碍设施(0.2110)
	B8.心理情感 (0.2837)	C28.环境认同/归属感(0.3981) C29.活动氛围好(0.3199) C30.故乡情结/乡愁浓厚(0.2820)
	B9.地域文化 (0.2079)	C31.展现历史文脉(0.2949) C32.突显城市文化(0.3226) C33.具有地方特色(0.3825)
	B10.社会交往 (0.3526)	C34.交流与沟通顺畅(0.2632) C35.社区生活文明(0.0977) C36.提供文化/健康教育(0.1765) C37.邻里关系融洽(0.2063) C38.体育活动/指导服务(0.2563)

三、评价指标的信效度检验

在进行实证研究之前,应对所选取的健康导向型人居环境评价指标进行严谨的信度和效度检验,确保评价指标体系的有效性。

(一)信度检验

信度指该测量工具测验某项内容的结果是否一致、稳定及可靠,即问卷的可信程度[1]。问卷的信度检验是为了考查问卷测量的可靠性,测量所得结果的内部一致性程度。本书采用的是内部一致性系数 Cronbach's α 和修正后的项目总相关系数 CITC(corrected item-total correlation)相结合的方法来进行信度的检验和题项的筛选。只有同时符合如下标准,才能达到检验信度、净化和纠正题项的目的。CITC 是表示某个项目得分与其余项目总分间的简单相关系数,当其值小于 0.5 时,删除该题项可以增加 Cronbach's α 值,即可提升整体问卷的信度,则说明该题项可以删除,Cronbach's α 值<0.6 则为低信度,0.6≤Cronbach's α 值<0.7 则尚

---

[1] 马文军,潘波. 问卷的信度和效度以及如何用 SAS 软件分析[J]. 中国卫生统计,2000,17(6):364-365.

可,Cronbach's α 值≥0.7 则属于高信度[①]。

为了实证数据的准确性,本书采用检测 Cronbach's α 值的方法检验数据信度,分别对目的地可及性、道路连接性、治安安全性、环境美化性、场所便利性、设施丰富性、特殊设计、心理情感、地域文化、社会交往 10 个准则层进行信度检验。结果表明选取的健康导向人居环境评价指标具有良好的信度,适合在进一步开展此类调查时使用。

表 4-6 为目的地可及性信度分析结果,从表中可以看到,目的地可及性的 Cronbach's α 值为 0.727,大于 0.7。CITC 都大于 0.5,不符合删除标准,即没有符合删除标准的变量。这说明目的地可及性的 5 个观测变量内部一致性较好,可予以保留。

表 4-6　　　　　　　　　　目的地可及性信度分析结果

观测变量	CITC	项已删除的 Cronbach's α 值	Cronbach's α 值
商店距离	0.570	0.753	
超市距离	0.626	0.687	
公交站点距离	0.635	0.621	0.727
配套设施距离	0.581	0.663	
活动场所距离	0.612	0.661	

表 4-7 为道路连接性信度分析结果,从表中可以看到,道路连接性的 Cronbach's α 值为 0.759,大于 0.7。CITC 都大于 0.5,不符合删除标准,即没有符合删除标准的变量。这说明道路连接性的 5 个观测变量内部一致性较好,可予以保留。

表 4-7　　　　　　　　　　道路连接性信度分析结果

观测变量	CITC	项已删除的 Cronbach's α 值	Cronbach's α 值
十字路口	0.665	0.705	
街道数量	0.633	0.668	
卫生情况	0.561	0.633	0.759
路面平坦	0.642	0.672	
照明情况	0.592	0.662	

表 4-8 为治安安全性信度分析结果,从表中可以看到,治安安全性的 Cronbach's α 值为 0.733,大于 0.7。CITC 都大于 0.5,不符合删除标准,即没有符合删除标准

[①] 薛薇. SPSS 统计分析方法及应用[M]. 北京:电子工业出版社,2004.

的变量。这说明治安安全性的 3 个观测变量内部一致性较好,予以保留。

表 4-8 治安安全性信度分析结果

观测变量	CITC	项已删除的 Cronbach's α 值	Cronbach's α 值
治安/犯罪率	0.532	0.683	
交通安全性	0.586	0.691	0.733
设施质量/安全性	0.613	0.738	

表 4-9 为环境美化性信度分析结果,从表中可以看到,环境美化性的 Cronbach's α 值为 0.766,大于 0.7。CITC 都大于 0.5,不符合删除标准,即没有符合删除标准的变量。这说明环境美化性的 4 个观测变量内部一致性较好,予以保留。

表 4-9 环境美化性信度分析结果

观测变量	CITC	项已删除的 Cronbach's α 值	Cronbach's α 值
环境清洁卫生	0.683	0.705	
绿化等景观元素	0.691	0.672	0.766
植被/山水等景观	0.702	0.663	
自然环境采光	0.703	0.681	

表 4-10 为场所便利性信度分析结果,从表中可以看到,场所便利性的 Cronbach's α 值为 0.758,大于 0.7。CITC 都大于 0.5,不符合删除标准,即没有符合删除标准的变量。这说明场所便利性的 4 个观测变量内部一致性较好,予以保留。

表 4-10 场所便利性信度分析结果

观测变量	CITC	项已删除的 Cronbach's α 值	Cronbach's α 值
城市公园	0.685	0.705	
休闲广场	0.723	0.737	0.758
健身绿道	0.679	0.633	
步行/自行车道	0.735	0.682	

表 4-11 为设施丰富性信度分析结果,从表中可以看到,设施丰富性的 Cronbach's α 值为 0.782,大于 0.7。CITC 都大于 0.5,不符合删除标准,即没有符合删除标准的变量。这说明设施丰富性的 3 个观测变量内部一致性较好,予以保留。

表 4-11　　　　　　　　　　　设施丰富性信度分析结果

观测变量	CITC	项已删除的 Cronbach's α 值	Cronbach's α 值
生活配套设施	0.582	0.773	
休闲娱乐设施	0.655	0.732	0.782
健身设施/器材	0.632	0.765	

表 4-12 为特殊设计信度分析结果,从表中可以看到,特殊设计的 Cronbach's α 值为 0.755,大于 0.7。CITC 都大于 0.5,不符合删除标准,即没有符合删除标准的变量。这说明特殊设计的 3 个观测变量内部一致性较好,予以保留。

表 4-12　　　　　　　　　　　特殊设计信度分析结果

观测变量	CITC	项已删除的 Cronbach's α 值	Cronbach's α 值
老年活动场地	0.672	0.720	
儿童活动区域	0.583	0.686	0.755
无障碍设计	0.635	0.723	

表 4-13 为心理情感信度分析结果,从表中可以看到,心理情感的 Cronbach's α 值为 0.768,大于 0.7。CITC 都大于 0.5,不符合删除标准,即没有符合删除标准的变量。这说明心理情感的 3 个观测变量内部一致性较好,予以保留。

表 4-13　　　　　　　　　　　心理情感信度分析结果

观测变量	CITC	项已删除的 Cronbach's α 值	Cronbach's α 值
环境认同/归属感	0.681	0.733	
活动氛围	0.643	0.709	0.768
故乡情结/乡愁	0.595	0.685	

表 4-14 为地域文化信度分析结果,从表中可以看到,地域文化的 Cronbach's α 值为 0.753,大于 0.7。CITC 都大于 0.5,不符合删除标准,即没有符合删除标准的变量。这说明地域文化的 3 个观测变量内部一致性较好,予以保留。

表 4-14　　　　　　　　　　　地域文化信度分析结果

观测变量	CITC	项已删除的 Cronbach's α 值	Cronbach's α 值
历史文脉	0.575	0.726	
城市文化	0.683	0.755	0.753
地方特色	0.582	0.731	

表 4-15 为社会交往信度分析结果,从表中可以看到,社会交往的 Cronbach's α 值为 0.773,大于 0.7。CITC 都大于 0.5,不符合删除标准,即没有符合删除标准的变量。这说明社会交往的 5 个观测变量内部一致性较好,予以保留。

表 4-15　　　　　　　　　社会交往信度分析结果

观测变量	CITC	项已删除的 Cronbach's α 值	Cronbach's α 值
交流与沟通	0.563	0.688	
文明生活	0.631	0.731	
文化/健康教育	0.658	0.705	0.773
邻里关系	0.673	0.693	
体育活动/指导	0.578	0.726	

(二)效度检验

效度即有效性,表示测量工具或手段能够准确测出所需测量的事物的程度,可以分为表面效度、结构效度和内容效度三种类型。对效度进行检验的方法有很多,都是从效度的不同侧面对其进行反映。

(1)表面效度与内容效度检验。表面效度是指测试应达到的"卷面标准",即测试工具从表面看是否合适。内容效度指测试工具是否测试了应该测试的内容或者所测试的内容是否满足了测试的要求,即测试的代表性和覆盖范围。首先通过阅读大量的文献,结合实际情况与课题组成员进行讨论,参考相关专家提出的修改意见,形成了初始问卷,之后对初始问卷进行预测试,并根据预测试的结果对问题项进行了必要的修改,删除存在内容表述不清楚、可能引起歧义和误解、相关性差等问题的题项,从而形成正式问卷。在正式调查之前进行了一次小规模的调查,对数据进行分析,将分析结果作为再次修改问卷中有关条目的依据,并由专家对题项进行评分,以保证该问卷的表面效度及内容效度。

(2)结构效度检验。结构效度是指一个测验实际测到所要测量的理论结构和特质的程度。因子分析(CFA)和主成分分析方法是常用的检验结构效度的方法,即通过探索性因素分析进行问卷的结构效度检验。这种方法是以因子分析来检验测量工具的效度,并有效地抽取公共的因子,考察这些因子是否具备各自的理论意义。这种方法的缺点在于先执行统计分析,理论的推导很大程度上依赖于统计结果。相对于探索性因子分析方法,结构方程模型(SEM)则是通过预先建立的理论模型来界定各指标间的相互关联,然后通过采集的实际数据对此模型进行验证,即结构方程模型采用验证性因子分析方法来检验结构效度。在结构方程模型中,如果模型达到了较好的整体拟合效果,模型内的各参数拟合结果也具有较高的显著性,就可以认为该问卷具有较好的效度。本书通过 AMOS 22.0 软件进行结构效度的检验,鉴于物质环境(交通环境和游憩环境)和精神环境(人文环境)是人居环境模型中不可分割的两部分,结构效度的检验主要是针对交通环境、游憩环境和人文环境的整体结构。结构方程模型拟合指标结果(表 4-16)中,各指标的拟合度较好,说明问卷的结构效度较好。

表 4-16　　　　　　　　　　结构方程模型拟合指标结果

拟合指标		拟合标准或区间值	结果	拟合判断
χ^2/df	卡方自由度检验	2.0~5.0	2.97	良好
GFI	拟合优度指数	大于 0.90	0.923	良好
RMR	残差均方根	小于 0.05	0.021	良好
RMSEA	近似误差均方根	0.05~0.08	0.063	良好
AGFI	调整拟合优度指数	大于 0.90	0.932	良好
NFI	相对拟合指数	大于 0.90	0.951	良好
NNFI	非范拟合指数	大于 0.90	0.925	良好
CFI	比较拟合指数	大于 0.90	0.933	良好
RFI	相对拟合指数	大于 0.90	0.928	良好
IFI	增值拟合指数	大于 0.90	0.946	良好

四、评价指标的释义

(一)交通环境指标

从最后得出的评价指标体系中可以看出,交通环境指标主要由目的地可及性、道路连接性和治安安全性 3 个二级指标构成。其中目的地可及性指标的权重最高,其次是道路连接性。这说明活动目的地与居民住宅的距离和可达性、居民到达目的地路径的便利性和整体感知对居民的体力活动行为有着重大影响。目的地可及性指标指的是居民到住区周边的商场、超市、公交站或者地铁站等生活配套设施和活动场所的路程是否在 15min 步行或骑行距离内。如果前往目的地较为便利,那么居民选择步行出行或者骑自行车出行的概率将会大大增加,从而促进居民的交通性体力活动。道路连接性指标指的是居民住区周边道路的连通情况,如十字路口和街道的数量是否合适;街道路面是否平坦舒适,是否影响居民步行或者骑行;街边道路的卫生情况、环境条件及照明情况是否良好。若道路连接合理、卫生清洁,则居民将更可能选择步行或者骑行外出,同样能够增加居民的交通性体力活动和户外活动时间。治安安全性指标指的是居民住区周边的交通治安情况和活动场所设施的质量情况,如住区周边的治安情况、犯罪率、交通安全、活动设施设计。如果这些指标情况较好,则不易发生安全事故,能够满足居民的心理安全需求,居民也更愿意在安全的环境中进行社会活动和锻炼。

(二)游憩环境指标

从最后得出的评价指标体系中可以看出,游憩环境主要由环境美化性、场所便利性和设施丰富性3个二级指标构成。其中,环境美化性指标的权重最高,其次为场所便利性,但从整体来说,这3个指标的权重相差不大。环境美化性指标反映的是居民住区周边自然环境、绿化景观等的情况,如绿化景观元素种类、住区或周边是否有丰富的植被、环境卫生清洁与否以及采光质量。欧美国家的一些研究均认为,令人愉快的人居环境能够提升居民体力活动水平[1]。绿化较好、景观宜人的居住环境会增加居民参与户外体力活动的时间,从而提高健康水平。场所便利性指标反映的是居民住区周边是否有供休闲娱乐和健身锻炼的城市公园、广场、步行道和自行车道等。国内外许多研究都证实,公共设施,特别是娱乐设施的可及性较好将有利于提高居民的体力活动水平,从而促进健康[2]。设施丰富性指标反映的是居民住区周边的生活配套设施、休闲娱乐设施和健身锻炼设施等是否类型丰富多样,这些都是影响居民参与户外体力活动的重要物质因素。

(三)人文环境指标

从最后得出的评价指标体系中可以看出,人文环境主要由特殊设计、心理情感、地域文化和社会交往4个二级指标构成。其中,社会交往指标的权重最高,其次为心理情感、地域文化和特殊设计。这表明,居民在住区精神环境中更加注重自身的社会交往活动和心理情感的满足。社会交往指标反映的是居民之间的交流和沟通活动、邻里之间的相处关系、社区里的文明生活及社区组织的体育活动和指导情况,以及一些文化和健康教育讲座的开展情况。心理情感指标反映的是居民对

---

① KOOHSARI M J,MAVOA S,VILLANUEVA K,et al. Public open space,physical activity,urban design and public health:Concepts,methods and research agenda[J]. Health & place,2015,33:75-82.

② CANIZARES MAYILEE,BADLEY ELIZABETH M. Generational differences in patterns of physical activities over time in the Canadian population:An age-period-cohort analysis [J]. BMC public health,2018,18(1):304.

居住环境的认同感和归属感及体现出来的一种故乡情结,还有居民参与活动时感受到的氛围。地域文化指标反映的是城市的文化。特殊设计指标指的是居民住区或者周边是否专门设置了老年人活动场地、儿童活动区域,以及是否为特殊人群配置无障碍设施等。这些因素情况较好时均能对人们参与体育活动的态度和价值观产生积极的影响,容易使人产生积极向上的情感依附。同时,具有文化特质、高度认同感和归属感的适宜环境能促进人们健康行为的产生,使人容易对活动空间产生使用的需求,从而更愿意参与到活动中来。

综上所述,交通环境、游憩环境和人文环境是健康导向型人居环境的基本构成要素。健康导向型人居环境应该是具有良好的交通便利性和安全性、拥有优美迷人的自然景观元素以及活动场所多元和活动设施丰富的游憩环境,同时也是能满足人们社群交往和沟通需求的人性化的开放环境,并能以自身良好的形象为居民提供塑造个人空间的机会。在此条件下,人与环境能形成良好的互动,自我实现的价值需求也容易得到满足。简而言之,构建健康导向型人居环境不单单是物质环境的建设,还应该是精神环境的营造,即在进行健康人居环境的规划时,不仅要突出实体物质环境的建设,还要注重精神文化的空间塑造。

第五节　本章小结

本章基于相关理论基础和研究成果,采用专家咨询法和层次分析法,将与体力活动相关的人居环境评价文献及国外成熟量表作为参考,建立了健康导向型人居环境评价指标体系。该评价体系由交通环境、游憩环境和人文环境 3 个一级指标,目的地可及性、道路连接性、治安安全性、环境美化性、场所便利性、设施丰富性、特殊设计、心理情感、地域文化、社会交往 10 个二级指标和 38 个三级指标构成。这些指标元素为下文的健康导向型人居环境规划研究提供了科学的理论参考依据,而且从具体的指标入手,将有助于理解以健康为导向的人居环境应该具有的物理空间和精神空间内涵,能为健康城市的建设和可持续发展提供指引。

第五章 健康导向型人居环境 模型的实证研究

第一节 调查对象的基本情况

一、调查对象的个体属性情况

共有 1000 名老年人参加本次测试,但因部分人测试期间外出、生病、旅游,以及加速计和 GPS 定位器故障,最终统计出有 620 名老年人的体力活动数据有效,将这 620 人的数据纳入研究。

表 5-1 展示了调查对象个体属性信息,包括调查对象的性别、年龄、受教育程度、月平均收入和居住情况。此次调查中,男性 280 人,占比 45.16%;女性 340 人,占比 54.84%。全体受试者平均年龄为 68.61 岁,其中 60～65 岁老年人 216 名,占 34.84%;66～70 岁老年人 189 名,占 30.48%;71～75 岁有 140 人,占 22.58%;76～80 岁老年人 75 名,占 12.10%。受教育程度:小学及以下 103 人(16.61%),初中 225 人(36.28%),高中(含中专)208 人(33.57%),大学(含大专)及以上 84 人(13.54%)。月平均收入:1000 元及以下 29 人(4.68%),1001～2000 元 60 人(9.68%),2001～3000 元 222 人(35.73%),3001～4000 元 243 人(39.19%),4000元及以上 66 人(10.62%)。居住情况:夫妻双方健在,与子女同住 220 人(35.48%);夫妻双方健在,未与子女同住 311 人(50.16%);单身,与子女同住 42人(6.78%);单身,未与子女同住 47 人(7.58%)。由以上数据可知,半数以上的老年人年龄在 60～70 岁,属于低龄老年人;83% 以上的老年人受教育程度在初中及以上,只有不到 14% 的老年人拥有大学以上学历;75% 左右的老年人月平均收入为 2001～4000 元;一半以上的老年人和配偶居住,且不与子女住在一起。

表 5-1　　　　　　　　　　　　调查对象个体属性

变量	分组	人数/人	占比/%
性别	男	280	45.16
	女	340	54.84
年龄/岁	60～65	216	34.84
	66～70	189	30.48
	71～75	140	22.58
	76～80	75	12.10
受教育程度	小学及以下	103	16.61
	初中	225	36.28
	高中(含中专)	208	33.57
	大学(含大专)及以上	84	13.54
月平均收入/元	≤1000	29	4.68
	1001～2000	60	9.68
	2001～3000	222	35.73
	3001～4000	243	39.19
	≥4000	66	10.62
居住情况	夫妻双方健在,与子女同住	220	35.48
	夫妻双方健在,未与子女同住	311	50.16
	单身,与子女同住	42	6.78
	单身,未与子女同住	47	7.58

二、各变量的描述性统计结果

(一)健康导向型人居环境感知现状

为了保证所收集到的样本能够达到后期数据分析的要求,首先对样本数据进行描述性统计分析,采用平均数和标准差描述人居环境感知的 10 个指标,描述性统计结果如表 5-2 所示。由表可知,老年居民对于健康人居环境的感知得分由高到低为道路连接性(3.51)、治安安全性(3.42)、心理情感(3.38)、社会交往(3.32)、目的地可及性(3.22)、环境美化性(3.18)、特殊设计(3.16)、地域文化(3.03)、设施丰富性(2.92)、场所便利性(2.88)。这意味着老年人对于其住区周边的街道连接性感知度最佳,而在设施丰富性及活动场所使用便利性方面满意度较低。

采用平均值、标准差、峰度和偏度四个统计量描述样本数据的集中趋势、离散程度及分布形态。从表 5-2 中可知,标准差较小,显示该数据离散程度较小。从峰度和偏度来看,该数据达到正态分布的要求,达到了进一步分析的要求。

表 5-2 　　　　　　健康导向型人居环境感知描述性统计结果

解释变量	平均值	标准差	峰度	偏度
目的地可及性	3.22	0.58	0.53	0.12
道路连接性	3.51	0.59	0.62	0.23
治安安全性	3.42	0.62	0.88	0.51
环境美化性	3.18	0.49	0.56	0.23
场所便利性	2.88	0.51	0.62	0.25
设施丰富性	2.92	0.48	0.51	0.14
特殊设计	3.16	0.57	0.56	0.22
心理情感	3.38	0.63	0.67	0.43
地域文化	3.03	0.56	0.82	0.31
社会交往	3.32	0.62	0.63	0.26

(二)老年人健康现状

老年人健康的测量指标有自评健康、认知功能、患慢性病数量、BMI 值。统计分析结果如表 5-3 所示,老年人自评健康平均得分为 3.43,其中自我报告非常不健康的 5 人(0.8%),比较不健康的 48 人(7.7%),一般的 255 人(41.1%),比较健康的 302 人(48.7%),非常健康的 10 人(1.6%)。认知功能的平均得分为 24.09;BMI 值平均为 24.93。患慢性病数量的平均值为 0.88,其中无病老年人 221 人(35.6%),患 1 种慢性病老年人 293 人(47.3%),患 2 种慢性病老年人 80 人(12.9%),患 3 种慢性病老年人 26 人(4.2%)。为了保证所收集到的样本能够达到后期数据分析的要求,采用平均值、标准差、峰度和偏度四个统计量描述样本数据的集中趋势、离散程度及分布形态。由表 5-3 可知,标准差较小,表示该数据离散程度较低。从峰度和偏度来看,该数据达到正态分布的要求,达到了进一步分析的要求。

表 5-3 老年人健康描述性统计分析结果

被解释变量	平均值或 N	标准差或占比	峰度	偏度
自评健康	3.43	0.86	0.51	−0.12
非常不健康	5	0.8%		
比较不健康	48	7.7%		
一般	255	41.1%		
比较健康	302	48.7%		
非常健康	10	1.6%		
认知功能	24.09	3.03	−0.33	−1.12
BMI 值	24.93	3.38	4.15	1.03
患慢性病数量	0.88	0.81	0.12	0.76
无病	221	35.6%		
患 1 种慢性病	293	47.3%		
患 2 种慢性病	80	12.9%		
患 3 种慢性病	26	4.2%		

(三)体力活动状况

体力活动包含活动频率、MVPA、总 counts 值、活动时间 4 个评价指标。描述性统计分析结果如表 5-4 所示。老年人户外活动频率均值为 2.21；MVPA 平均值为 28.23min；老年人户外活动总 counts 值平均为 246721.52；活动时间平均值为 271.12min。为了保证所收集到的样本能够达到后期数据分析的要求，采用平均值、标准差、峰度和偏度四个统计量描述样本数据的集中趋势、离散程度及分布形态。从表 5-4 中的峰度和偏度来看，偏度绝对值小于 3，峰度绝对值基本小于 10，也说明该数据达到正态分布的要求，达到了进一步分析的要求。

表 5-4 老年人体力活动描述性统计分析结果

变量	平均值	标准差	峰度	偏度
活动频率	2.21	0.83	0.85	0.01
MVPA/min	28.23	27.65	6.10	1.96
总 counts 值	246721.52	161983.38	11.36	2.17
活动时间/min	271.12	170.23	3.76	1.45

在描述体力活动的基础上,进一步分析体力活动量是否达到老年人体力活动推荐值。WHO 和《全民健身指南》中推荐老年人每周至少进行 150min MVPA,平均每天 150/7 min,当平均活动时间长于此值时,表示该老年人体力活动达到推荐量;反之,则表示未达到推荐量。本书调查的老年人 MVPA 情况如表 5-5 所示,从表中可知,老年人 MVPA 均值呈现出男性明显高于女性,男性老年人达标率较高(55.6%),仅有 45.3% 的女性老年人达到了推荐值。整体而言,49.7% 的老年人体力活动达到推荐值。2018 年,Peralta 等人[1]的报告指出,有 59.7% 的欧洲老年人达到体力活动推荐量,其中男性达到率为 60.1%,女性为 59.4%。相对于欧洲老年人,我国老年人体力活动较少,尤其是女性老年人。这可能是由老年人受教育水平、社会经济水平和环境的差异造成的。据调查,阿尔巴尼亚老年人体力活动达到推荐量的人数占比最高(77.2%),科索沃老年人体力活动达到推荐量的人数占比最低(41.9%),我国老年人体力活动量处于世界中等水平。西班牙(男性 51.6%,女性 35.8%)、葡萄牙(男性 52.9%,女性 43.4%)达到体力活动推荐值的男性多于女性,与本书研究结果一致[2]。

表 5-5　　　　　　　　　　老年人 MVPA 情况

项目	总体	男性	女性
MVPA/min	28.73±28.15	32±27.55**	24.83±23.02
达到推荐值比例	49.7%	55.6%	45.3%

注:** 表示与女性相比 $P<0.01$。

第二节　健康导向型人居环境理论模型的检验

一、结构方程模型的建立

根据第二章提出的健康导向型人居环境理论模型,对人居环境、老年人体力活动和老年人健康三者方面的关系进行探讨,进一步验证体力活动在人居环境对老

[1] PERALTA M,MARTINS J,GUEDES D P,et al. Socio-demographic correlates of physical activity among European older people[J]. Eur journal of ageing,2018,15(1):5-13.

[2] THOGERSEN-NTOUMANI C,WRIGHT A,QUESTED E,et al. Protocol for the residents in action pilot cluster randomised controlled trial (Ri AT):Evaluating a behaviour change intervention to promote walking,reduce sitting and improve mental health in physically inactive older adults in retirement villages[J]. BMJ Open,2017,7(6):e15543.

年人健康影响方面的中介效应。人居环境潜变量共涵盖了 10 个观测变量,分别是目的地可及性、道路连接性、治安安全性、环境美化性、场所便利性、设施丰富性、特殊设计、心理情感、地域文化、社会交往。老年人体力活动潜变量包含活动频率、活动时间、MVPA 和总 counts 值。老年人健康潜变量包含自评健康、BMI 值、患慢性病数量和认知功能。本书以人居环境为自变量、体力活动为中介变量、老年人健康为因变量建立的初始结构方程模型如图 5-1 所示。

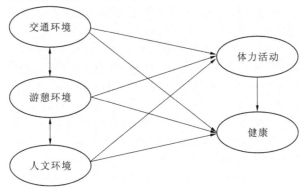

图 5-1　初始结构方程模型

二、模型拟合结果

利用 AMOS 22.0 软件对数据进行验证性因子分析,拟合人居交通环境、游憩环境、人文环境、老年人体力活动和老年人健康之间的影响关系,得到的健康导向型人居环境结构方程模型如图 5-2 所示。图 5-2 显示了结构方程模型的路径关系,从中可以看到,在交通环境的观测变量中,目的地可及性的负荷指数最大(0.67),道路连接性(0.65)和治安安全性(0.55)次之,表明目的地可及性对交通环境的贡献率较高。在游憩环境的观测变量中,环境美化性的负荷指数最大(0.71),设施丰富性(0.68)和场所便利性(0.67)次之,表明环境美化性对游憩环境的贡献率较高。在人文环境的观测变量中,社会交往因素的负荷指数最大(0.65),接下来是心理情感(0.63)、特殊设计(0.52)和地域文化(0.43),表明社会交往对人文环境的贡献率较高。总之,各观测变量对健康导向型人居环境都有着不同的贡献,表明通过前文研究纳入的健康导向型人居环境指标在实践中是合理的。

体力活动指标的观测变量为活动频率、MVPA、总 counts 值、活动时间,各观测变量负荷指数分别为 0.73、0.72、0.70、0.71,均大于 0.7,表明研究中观测变量能很好地表示潜在变量体力活动值。老年人健康状况的观测变量为自评健康、BMI 值、患慢性病数量、认知功能共四个指标,其负荷指数分别为 0.75、0.76、0.70、0.72,均大于 0.7,也表明研究中老年人健康状况的观测变量能较好地表示潜在变量健康状况指标。

模型拟合指标选择及结果见表 5-6。从表中可以看到，χ^2/df 为 2.687，达到模型拟合要求。绝对拟合度指标：GFI = 0.936，大于 0.90，拟合良好；AGFI = 0.925，大于 0.90；MSEA = 0.063，小于 0.08，绝对拟合度评定别为良好标准。增值拟合度指标：NFI = 0.936，TLI = 0.943，CFI = 0.938，IFI = 0.942，均大于 0.90，增值拟合度评定级别也属于良好。模型的拟合指数表明数据的整体适配度较好，所构建的结构方程模型较为理想。

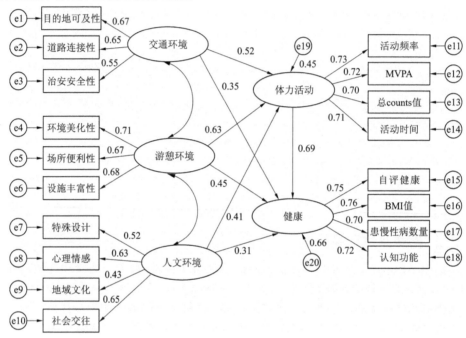

图 5-2 健康导向型人居环境结构方程模型

表 5-6　　　　　　　　　　**拟合指标选择及结果**

拟合指标		拟合标准或区间值	结果	拟合判断
χ^2/df	卡方自由度检验	2.0~5.0	2.687	良好
GFI	拟合优度指数	大于 0.90	0.936	良好
RMR	残差均方根	小于 0.05	0.021	良好
MSEA	近似误差均方根	0.05~0.08	0.063	良好
AGFI	调整拟合优度指数	大于 0.90	0.925	良好
NFI	相对拟合指数	大于 0.90	0.936	良好
TLI	非范拟合指数	大于 0.90	0.943	良好
CFI	比较拟合指数	大于 0.90	0.938	良好
IFI	增值拟合指数	大于 0.90	0.942	良好

三、模型假设关系检验

各假设关系检验结果如表 5-7 所示,可以得知,交通环境、游憩环境和人文环境对老年人体力活动的标准化路径系数分别为 0.522、0.631 和 0.413,且显著性 $P <$ 0.01。体力活动对老年人健康状况的标准化路径系数为 0.692,且显著性 $P <$ 0.01;交通环境、游憩环境和人文环境对健康状况的标准化路径系数分别为0.351、0.452 和 0.311,且显著性 $P <$ 0.01。可以得出,研究假设 H1:健康导向型人居环境对老年人健康有正向促进作用;H2:健康导向型人居环境对老年人体力活动有显著正向影响,H3:体力活动对老年人健康有显著正向影响。这 3 个假设均得到数据支持而成立。假设检验结果表明了健康导向型人居环境的交通环境要素、游憩环境要素和人文环境要素均能显著促进老年人体力活动和健康,体力活动也能显著促进老年人健康。

表 5-7　　　　　　　　　　模型检验结果

假设路径	标准化路径系数	t 值	是否支持假设
交通环境→体力活动	0.522	6.052**	支持
游憩环境→体力活动	0.631	3.272**	支持
人文环境→体力活动	0.413	5.683**	支持
体力活动→健康	0.692	4.312**	支持
交通环境→健康	0.351	6.051**	支持
游憩环境→健康	0.452	2.883**	支持
人文环境→健康	0.311	3.552**	支持

注:** 表示 $P \leqslant 0.01$。

四、中介效应检验

由图 5-2 可知,健康导向型人居环境,即交通环境、游憩环境和人文环境对老年人健康状况的作用路径有两条:一条是人居环境直接作用于老年人健康,另一条是人居环境通过体力活动间接作用于老年人健康。鉴于此,本书借鉴 2010 年 Zhao 等提出的更为合理的中介效应检查程序,使用 Bootstrap 方法进行中介效应检验[①]。Bootstrap 方法的优点在于可以计算评定系数 R^2 等统计量的标准误差,AMOS 未能提供相应的计算公式,已有统计量的标准误差计算结果准确性建立在

---

① ZHAO X,LYNCH J G,CHEN Q. Reconsidering baron and kenny:Myths and truths about mediation analysis[J]. Journal of consumer research,2010,37(2):197-206.

模型假定得到满足且模型设定正确的基础上,Bootstrap 方法能提供任何一个统计量的近似方差估计,即便是在模型的假定未能满足的情况下。中介模型有三个效应,分别是总效应、直接效应和间接效应。当间接效应 95%置信区间不包括 0 时,说明间接效应存在;当直接效应 95%置信区间不包括 0 时,说明直接效应存在。若间接效应存在,直接效应也存在,则这个模型为部分中介模型;若间接效应存在,直接效应不存在,则这个模型为完全中介模型。

在路径分析的基础上,本书采用 Bootstrap 方法检验模型中体力活动在人居环境与健康之间的中介作用,设定 Bootstrap 抽样次数为 5000 次,设置偏差校正的百分比方法的置信区间为 95%,中介效应检验结果如表 5-8 所示。从中可以得知,自变量人居环境对因变量健康状况间接效应的偏差校正的 Bootstrap 置信区间不包含 0,说明间接效应显著;自变量人居环境对因变量健康总效应和直接效应的 Bootstrap 置信区间均不包含 0,说明总效应和直接效应显著,即体力活动在人居环境与健康之间存在显著的部分中介作用,表明研究假设 H4 成立,即体力活动在健康导向型人居环境与老年人健康之间存在中介作用。

表 5-8 中介效应检验结果

路径	效应	标准化估计值	标准误	P 值	95%置信区间	
					下限	上限
交通环境→ 健康	总效应	0.711	0.026	<0.001	0.618	0.804
	直接效应	0.351	0.024	<0.001	0.282	0.420
	间接效应	0.360	0.023	<0.001	0.293	0.427
游憩环境→ 健康	总效应	0.883	0.024	<0.001	0.788	0.978
	直接效应	0.452	0.029	<0.001	0.372	0.532
	间接效应	0.431	0.027	<0.001	0.388	0.474
人文环境→ 健康	总效应	0.592	0.030	<0.001	0.486	0.698
	直接效应	0.311	0.028	<0.001	0.283	0.339
	间接效应	0.281	0.029	<0.001	0.221	0.341

综上,交通环境、游憩环境和人文环境对老年人健康的影响显著,直接效应、间接效应和总效应均有统计学差异,其中交通环境对老年人健康状况的直接影响效应为 0.351,间接影响效应为 0.360,总效应为 0.711;游憩环境对老年人健康状况的直接影响效应为 0.452,间接影响效应为 0.431,总效应为 0.883;人文环境对老年人健康状况的直接影响效应为 0.311,间接影响效应为 0.281,总效应为 0.592。由此可知,人居环境越好,对老年人健康状况越有利。

第三节 健康导向型人居环境模型实证结果分析

一、人居环境对老年人健康的直接影响

关于人居环境对老年人健康的影响的研究在西方国家开始较早,早在 2001年,Frank 和 Engleke[①] 就研究指出,土地利用和交通系统投资之间的动态互动可以带来持续的健康效益。接着,Ewing 等[②]、Kelly-Schwartz[③] 等对个人健康与城市和郊区之间的关系进行了探讨,他们均表示郊区化和公共健康具有统计学意义上的相关性。Frank 等[④]由 2000 年人口普查数据发现,步行性指标与当地居民的步行活动和肥胖率显著相关。Doyle 等[⑤]进行了一些关于个人健康和安全性环境的研究,提出在一个活跃的社区环境中,鼓励锻炼和活动将会更有利于居民健康。2012 年,Lee 和 Ahn[⑥] 探究社区公园的可达性,通过考察社区人居环境与步行之间的关系,影响当地居民的健康。2011 年,Kim 和 Kang[⑦] 对城市环境、当地社区肥胖率和自我报告的健康状况率进行分析,发现城市环境对个体健康状况有显著影

① FRANK D L,ENGELKE O P. The built environment and human activity patterns:exploring the impacts of urban form on public health[J]. Journal of planning literature,2001,16(2):202-218.

② EWING R,SCHMID T,KILLINGSWORTH R,et al. Relationship between urban sprawl and physical activity,obesity,and morbidity[J]. American journal of health promotion,2003,18(1):47-57.

③ KELLY-SCHWARTZ A C,SROCKARD J,DOYLE S,et al. Is sprawl unhealthy? A multilevel analysis of the relationship of metropolitan sprawl to the health of individuals[J]. Journal of planning education and research,2004,24(2):184-196.

④ FRANK L D,SALLIS J F,CONWAY T L,et al. Many pathways from land use to health:associations between neighborhood walkability and active transportation,body mass index,and air quality[J]. Journal of the American Planning Association,2006,72(1):75-87.

⑤ DOYLE S,KELLY-SCHWARTZ A,SCHLOSSBERG M,et al. Active community environments and health:The relationship of walkable and safe communities to individual health[J]. Journal of the American Planning Association,2006,72(1):19-31.

⑥ LEE K,AHN K. Effects of neighbourhood environment on residents health[J]. Journal of Korea Planners Association,2012,43(3):249-261.

⑦ KIM E,KANG M. Effects of built environmental factors on obesity and self-reported health status in seoul metropolitan area using spatial regre[J]. The Korea spatial planning review,2011,68:85-98.

响。以上研究均说明了人居建成环境是影响健康的重要因素。

鉴于此,本书以人居环境作为反映老年人健康状况的环境因素,假设人居环境直接对老年人健康状况产生影响。实证研究结果表明,人居环境对老年人健康状况有正向影响的假设(H1)通过了检验,同本书的预期一致。交通环境、游憩环境和人文环境对促进老年人健康起到重要作用,在10个可观测变量中,对人居环境贡献度较高的是目的地可及性、道路连接性、环境美化性、场所便利性、设施丰富性、社会交往,这说明它们是主要的老年人健康影响因素,这一结果与前人研究结果一致。Araujo等人①的研究表明,街道平坦路面的比例越高,老年女性腹型肥胖率越低;而较好的街道连接性和中等的商业比例与老年男性较低的总体肥胖率有关,这说明道路平坦有序和连接性较好与老年居民肥胖率低存在关联性,这些交通环境状况对他们的健康有益。究其原因,可能是没有人行道和街道未修整影响路线选择,道路连接性低,增加了交通工具的使用,交通安全性较低,进而导致老年人不愿意出门,养成久坐不动的生活方式,更有可能增加肥胖率。若当地的配套设施齐全,容易到达目的地(如餐馆、超市、商店),则会进一步促进步行和其他交通性体力活动行为产生。王丽岩等人②的研究也指出,老年人长期暴露在低密度或商业衰退的环境中时,其健康状况不佳的风险更高。

孙斌栋等人③研究发现,较高的设施可达性对健康状况具有促进作用。具体来说,设施可达性较高的社区,公共交通设施相对完善且各类公共设施分布均匀,混合程度高,有利于老年人就近活动,其出行方式主要是步行、乘公交车,这能促进其体力活动,从而改善健康状况。吴志建等人④探究了建成环境与老年人健康的关系,认为建成环境可直接影响老年人的健康状况,其中目的地可达性和设计多样性对健康状况的影响较大。而本书纳入休闲健身场所、体育基础设施变量,作为游憩环境考察其对老年人健康的影响。本书所建立的结构方程模型显示,这些游憩环境因素对老年人健康状况具有显著的正向影响,是影响老年人健康状况的重要因素。

① ARAUJO C, GIEHL M, DANIELEWICZ A L, et al. Built environment, contextual income, and obesity in older adults: Evidence from a population-based study[J]. Cad saude publica, 2018,34(5):e60217.

② 王丽岩,冯宁,王洪彪,等. 中老年人邻里建成环境的感知与体力活动的关系[J]. 沈阳体育学院学报,2017,36(2):67-71.

③ 孙斌栋,阎宏,张婷麟. 社区建成环境对健康的影响——基于居民个体超重的实证研究[J]. 地理学报,2016,71(10):1721-1730.

④ 吴志建,王竹影,张帆,等. 城市建成环境对老年人健康的影响:以体力活动为中介的模型验证[J]. 中国体育科技,2019,55(10):41-49.

　　本书对人文环境与老年人健康之间的关系也做了假设探讨,最后验证了人文环境因素中的特殊设计、心理情感、地域文化、社会交往因素对老年人健康有着正向影响。良好的社区生活氛围和社区支持与老年人的健康息息相关。研究表明,老年群体出于生理原因,较其他群体对社区的依赖性更高,老年人从社区获得的支持和归属感可有效满足自身的心理需要,提升社会适应性和健康水平[①]。社会交往是人的一种较高层次的需求,良好的邻里关系对老年人的心理情感产生积极的作用。另外,特殊地域文化更能引发老年人的环境认同感和依恋,利于老年人产生信任感和归属感,对健康的心理具有较好的支持作用。丰富的体育活动和健身指导服务,可以丰富老年人的精神文化生活,使其保持身心愉悦,从而对老年人的健康起到积极的促进作用。

　　综上所述,居民若长期居住在交通环境、游憩环境和人文环境良好的社区,其健康状况可能更好,若长期居住在缺乏健康支持服务(如健身路径、城市公园、老年活动中心和娱乐设施)及道路连接性较差的社区,那么其健康风险可能增加。Beard 等人的研究也支持了上述结论:街道特征包括道路连接性、环境美化性和交通可达性,它们与身体健康水平呈正相关[②]。这说明当基础设施的供应与活动机会和健康有关时,拥有较好的基础设施的社区往往会鼓励健康的生活方式,因为它们提供了休闲和开展体育活动的空间,有助于居民保持适当的体重。但需要注意的是,人居环境变量与健康之间的相关性需考虑地区差异。

　　总之,以健康为导向的人居环境在老年人健康促进方面扮演着极为重要的角色。因此,相关规划单位在进行人居环境建设时,应优先考虑提高环境的美化度和土地混合利用度、改善交通系统(如交通站点数量)和街道连通性、改善体育基础设施配置(如体育设施数量、种类),以便老年群体能不受限制地、安全地到达目的地和使用相关配套设施,从而提高健康水平。

二、人居环境对老年人体力活动的直接影响

　　本书衡量老年人体力活动的指标包括活动频率、活动时间、MVPA 和总 counts 值,所提出的人居环境对老年人体力活动产生正向影响的假设(H2)通过了验证。结果表明,人居环境越好,越有利于老年人进行体力活动,其户外活动越活跃。这意味着环境美化性较高、街道连通性较高、交通可达性较好、体育基础设施较完善及地域文化氛围浓厚和生活氛围较好的居住区,便于老年人前往目的地参与各种活动,有助于提高老年人的出行频率,增加体力活动量。过去的研究也表

---

　　① 刘素岑,杨纲.关于开展社区老年人心理健康服务的探讨[J].医学争鸣,2016,7(1):62-65.

　　② BEARD J R,BLANEY S,CERDA M,et al. Neighborhood characteristics and disability in older adults[J]. The journals of gerontology:Series B,2009,64(2):252-257.

明,步行出行的能力受目的地的可用性和可达性的影响。如 Nathan 等[1]指出,在调整了人口统计变量后,药房、理发店等服务设施到家的距离在 400～800m 以内,老年人更有可能步行出行。也有研究表示,当 10～15min 内能到达服务目的地时,老年人更愿意步行[2]。这说明当老年人感知健身场所和服务设施可达性较高时,更可能进行体力活动。吴志建等人[3]运用 meta 分析发现,美学感知对老年人体力活动具有明显的促进作用。本书得出的结果与之一致,即美化性较高的环境有利于老年人进行户外活动,这说明自然资源、绿化景观丰富的环境对老年人更具有吸引力,能使老年人户外活动频率及活动机会增多。这可能是因为随着年龄的增大,老年人活动能力下降,对环境的依赖性增加,更愿意在环境优美的场所进行户外活动。

本书研究结果进一步表明了老年人居住在场所便利性好的社区时有更多的机会完成达标的 MVPA。其原因可能是活动场所复合类型丰富,更利于满足老年人多样化需求,无论是服务场所还是健身场所,老年人均能方便地使用,其日常生活、健身锻炼更加便利,从而提高出行频率,增加户外体力活动量。此结果与美国、欧洲等国家和地区的研究结果一致,即土地混合利用度与体力活动有密切关系[4]。有研究认为,公园设施的增加能够激励老年人出行,间接地促进老年人的 MVPA[5]。当然,还应与社区的安全性、美观性等因素相结合,共同激励老年人进行户外活动。体育基础设施与老年人户外体力活动呈正相关,可能是因为随着年龄的增长,老年人适应环境的能力下降,当距离体育设施场所较远时,可能会难以前往,这会导致其为了避免挑战性的情况出行,减少到达体育设施场所的频次,从而限制体力活动量。因此,增加社区内体育设施数量,提高体育设施场所可达性,有利于老年人进行体力活动。

---

① NATHAN A, PEREIRA G, FOSTER S, et al. Access to commercial destinations within the neighbourhood and walking among Australian older adults[J]. The international journal of behavioral nutrition and physical activity,2012,9:133.

② KOLBE-ALEXANDER T L, PACHECO K, TOMAZ S A, et al. The relationship between the built environment and habitual levels of physical activity in South African older adults: A pilot study[J]. BMC public health,2015,15:518.

③ 吴志建,王竹影,宋彦李青. 老年人休闲性体力活动建成环境影响因素的 meta 分析[J]. 上海体育学院学报,2018,42(1):64-71.

④ SALLIS J F,CERIN E,CONWAY T L,et al. Physical activity in relation to urban environments in 14 cities worldwide:a cross-sectional study[J]. Lancet, 2016, 387(10034):2207-2217.

⑤ CAO X, MOKHTARIAN P L, HANDY S L. No Particular Place To Goan Empirical Analysis Of Travel For The Sake Of Travel[J]. Environment & behavior,2009,41(2):233-257.

本书认为,较好的城市设计(如街道连通性)有助于促进老年人进行体力活动,较高的街道连通性能为社区老年人提供可供选择的交通路线从而促进步行。有研究指出,一个街区内的街道连通率越高,老年人花在低强度体力活动上的时间就越长,如 Ma 等人采用主客观结合的方法测量建成环境与体力活动的关系时发现,街道连通性与老年人体力活动之间有积极联系[①]。De Sa 和 Ardern 的研究结果也与本书的研究结果一致,他们指出较高的街道连通性有利于促进老年人进行体力活动[②]。因此,可以通过提高社区附近街道的连通性,增加老年人体力活动量。在治安安全性高、交通安全性高的环境下,老年人的户外体力活动时间和强度将会增加。交通安全性高使老年人受伤和发生意外的风险大大降低,这更利于促进老年人出行,增强老年人步行前往目的地或者外出锻炼的意愿。因此,建立安全的社区环境特别重要,有助于预防伤害,提高老年人户外出行概率和体力活动水平。

此外,本书还证实了良好的人文环境对老年人体力活动也有着较好的促进作用。良好的沟通和交往环境是健康住区中重要的一部分,人的社会性使人具有与他人交往的需求,交往又与居民心理健康息息相关,健康的交往空间可影响居民的健康[③]。融洽的社区生活氛围和邻里关系不但使老年人乐于外出交流,参与社区集体活动,而且有助于居民形成对社区的一种归属感,增强对社区的依恋。另外,人性化的活动场地设计、专门的老年人活动场地和活动中心,以及无障碍设施的设置都能增强居民的认同感。丰富的体育文化活动和健康知识讲座,以及完善的公共体育服务,都能对老年人的体力活动起很好的促进作用。总而言之,老年人体力活动受交通环境、游憩环境和人文环境中各因素的影响。

三、体力活动对老年人健康的直接影响

本书用以衡量老年人健康状况的指标包括自评健康、认知功能、BMI 值、患慢性病数量,所提出的体力活动对老年人健康状况产生正向影响的假设(H3)通过了验证。研究结果表明,体力活动对老年人健康状况有积极影响,且影响效应为0.69。体力活动对健康的益处毋庸置疑,早在 20 世纪中期,流行病学研究就发现工作性体力活动水平与冠心病的发病率有关。20 世纪 60 年代,Shephard 的研究

① MA S Z N,SHUVO F K,JIA Y E,et al. Objective and subjective measures of neighborhood environment (NE):relationships with transportation physical activity among older persons [J]. International journal of behavioral nutrition and physical activity,2015,12(1):1-10.

② DE SA E,ARDERN C I. Associations between the built environment,total,recreational, and transit-related physical activity[J]. BMC public health,2014,14:693.

③ 卢丹梅. 健康导向下的居住区景观评价指标体系研究[D]. 武汉:华中科技大学,2004.

发现,运动锻炼能促进最大摄氧量的提升[①],至此,体力活动对健康的促进作用才开始引起学者们的关注。大量研究表明,体力活动与心血管疾病(主要包括冠心病、高血压及心力衰竭等)、癌症、糖尿病、肥胖、骨关节疾病(骨质疏松和骨性关节炎)等慢性疾病的发生风险和早期死亡率有关,且该因素是可以通过日常行为和生活方式改变的。规律性体力活动可以为机体带来诸多益处,尤其是能降低老年人慢性疾病的发生率和死亡率,使老年人的早期死亡率下降 20%～30%,且这种效益不受年龄、社会经济因素、健康状况、是否有不良嗜好(主要指吸烟和饮酒)等因素的影响[②]。

21 世纪初,Bouchard 的研究证实了体力活动量与健康效益之间存在剂量—效应关系,即两者间存在量-效关系(Dose-response Relationship),研究表明:中小强度体力活动就能明显改善运动不足者的某些健康指标;运动量与肥胖控制、某些疾病的发病率和死亡率呈一定的线性关系;只有当运动量达到一定水平时,某些健康指标才能得到改善;运动不足或运动过量都会对健康产生不利的影响。因此,运动时应同时注意运动量、强度和健康效应与运动损害的平衡点[③]。Sundquist 等[④]对5196 位年龄在 35～74 岁的成年人进行了长达 12 年的跟踪调查。研究表明,随着体力活动的增加,冠心病的患病风险下降。在调整了所有的解释变量之后,每周至少进行两次体力活动的女性和男性发生冠心病的风险比不进行体力活动的女性和男性低 41%。久坐不动的生活方式或低水平的心肺功能使冠心病的发生风险和早亡率增加;而积极运动的生活方式或高水平的体能可产生保护效应,进而降低冠心病的发生风险。而本书利用自评健康、认知功能、BMI 值、患慢性病数量四个指标共同评价老年人的健康状况,仍发现体力活动对老年人的健康状况有益,因此,建议老年人规律性地进行体力活动,以提高健康水平。

---

① SHEPHARD R J. Intensity, duration and frequency of exercise as determinants of the response to a training regime[J]. Internationale zeitschrift fur angewandte physiologie, 1968, 26 (3):272-278; MORRIS J N, CRAWFORD M D. Coronary heart disease and physical activity of work: evidence of a national necropsy survey[J]. British medical journal, 1958, 2(5111):1485-1496.

② DAVIES C T, KNIBBS A V. The training stimulus. The effects of intensity, duration and frequency of effort on maximum aerobic power output[J]. Internationale zeitschrift fur angewandte physiologie, 1971, 29(4):299-305.

③ BOUCHARD C. Physical activity and health: Introduction to the dose-response symposium[J]. Medicine & science in sports & exercise, 2001, 33(6 Suppl):S347-S350.

④ SUNDQUIST K, JOHANSSON S, QVIST J, et al. Does occupational social class predict coronary heart disease after retirement? A 12-year follow-up study in Sweden[J]. Scandinavian journal of public health, 2005, 33(6):447-454.

四、体力活动在人居环境与老年人健康之间的中介作用

本书表明,体力活动在交通环境、游憩环境和人文环境与老年人健康之间起到中介作用,这说明了人居环境对老年人健康状况发挥着积极的导向作用。另外,人居环境的导向作用在一定程度上促进老年人将对体力活动的投入转化为健康的回报。体力活动被认为是人居环境和老年人健康状况之间的关键中介因素,这与之前的研究结果相似。2019年,Colley等人[1]探索步行指数与肥胖和自评健康的关系发现,步行指数不仅能直接影响肥胖和自评健康,还能通过体力活动间接影响肥胖和自评健康,认为MVPA是步行指数与肥胖和自评健康之间很好的中介因子。根据行为风险因素监测系统的数据,Oishi等[2]研究指出,生活在更适合步行的地区的美国人更健康,肥胖率也更低。另有研究发现,在适合步行的地区,总体健康状况的自我评价更高,但自我评价的心理健康状况与适合步行与否没有关系[3]。2019年,吴志建等[4]探究了客观建成环境与老年人健康的关系,发现客观建成环境影响老年人健康水平的路径有两条:一条是客观建成环境直接作用于健康状况,另一条是通过体力活动间接影响健康状况。他认为体力活动在建成环境与健康之间起到中介作用。

本书在结合以往研究的基础上,进一步丰富体力活动指标,探索其中介效应,发现体力活动的中介效应较高,这可能是因为选择的体力活动指标不同。吴志建等人的研究选择的体力活动指标为户外活动量、活动时间和MVPA[5],而本书选择的体力活动指标更加全面,包括活动频率、活动时间、MVPA和总counts值。研究同时表明,改善道路连通性与可达性、改进交通系统、优化自然环境和体育基础设施配置、增强人文环境质量可促进老年人进行体力活动,进而提高其健康水平。因此,土地混合利用度、道路连通性、目的地可达性高,交通系统较完善,体育基础设

---

① COLLEY R C,CHRISTIDIS T,MICHAUD I,et al. An examination of the associations between walkable neighbourhoods and obesity and self-rated health in Canadians[J]. Health report,2019,30(9):14-24.

② OISHI S,SAEKI M,AXT J. Are people living in walkable areas healthier and more satisfied with life? [J]. Applied psychology-health and well being,2015,7(3):365-386.

③ TOMEY K,DIEZ R A,CLARKE P,et al. Associations between neighborhood characteristics and self-rated health:A cross-sectional investigation in the Multi-Ethnic Study of Atherosclerosis (MESA) cohort[J]. Health place,2013,24:267-274.

④ 吴志建,王竹影,张帆,等. 城市建成环境对老年人健康的影响:以体力活动为中介的模型验证[J]. 中国体育科技,2019,55(10):41-49.

⑤ 吴志建,王竹影,张帆,等. 城市建成环境对老年人健康的影响:以体力活动为中介的模型验证[J]. 中国体育科技,2019,55(10):41-49.

施布局合理,社区人文环境氛围好,都有利于促进老年人进行体力活动,增加老年人的体力活动量。研究还进一步表明,居住位置到各活动场所的出行路径越便利、活动目的地越明确,老年人进行户外体力活动的驱动力越强,户外活动对身心健康的促进效果越好;在人居环境较为优美、舒适,老年人对人居环境满意度较高的情况下,老年人从事并发展更多体力活动的意愿较为强烈。由于个体行为的改变取决于对周围环境的选择,以环境为基础的体力活动干预措施往往覆盖面广,可能影响大群体或整个群体的行为选择,所以人居环境在健康促进方面将扮演极为重要的角色。因此,改善人居环境诸因素,积极规划或优化人居环境,促进人的体力活动量的增加,将对人的健康产生积极作用。

第四节　本 章 小 结

　　本章以长江三角洲地区城市社区老年人为研究对象,对健康导向型人居环境理论模型进行了实证检验。研究结果表明,模型的拟合指标良好,证明了建构的健康导向型人居环境结构方程模型较为理想。模型的路径系数显示,交通环境、游憩环境和人文环境对老年人体力活动和健康均具有显著的正向影响,体力活动对老年人健康有显著的正向影响;中介效应检验也表明,交通环境要素、游憩环境要素和人文环境要素对老年人健康的直接效应、间接效应和总效应均有统计学差异,即体力活动在健康导向型人居环境与老年人健康状况之间存在中介作用,从而证明了上文提出的研究假设均成立。最后,本章讨论与分析了人居环境与老年人体力活动和健康之间的关系,进一步表明了人居环境能对老年人体力活动和健康产生积极作用,提示了可以通过优化人居环境提高居民体力活动水平和促进其健康,为下文的健康导向型人居环境规划研究提供了实证依据。

第六章　健康导向型人居环境的规划研究

第一节　健康导向型人居环境规划的基本原则

一、系统性原则

一般系统论的创始人贝塔朗菲对"系统"进行了定义：系统是相互联系、相互作用的诸元素的综合体①。多种元素糅合在一起，产生千丝万缕的联系，彼此影响，共同发展，才形成城市这个庞大且多元化的系统。任何元素都无法脱离城市这个系统而独立存在，人居环境更是如此。只有当它与城市中的各元素相适应，才能与城市空间建立紧密的联系，发挥它的作用和价值。因此，健康导向型人居环境的规划设计要综合考虑城市各方面因素，强调系统中各要素间的相互作用和联系，以全局的视角来看待。对健康人居环境构成要素进行统一性考虑是促进城市空间健康的关键。将人居环境作为一个整体，而不是将其作为各类空间元素的简单集合，应从整体出发分析空间层次之间的关联，明确整体空间层级，再合理布置各空间层级中的构成元素，保证层次分明与和谐统一。因此，健康导向型人居环境规划设计中应统筹考虑城市的发展，与相关规划衔接，整合区域中的各种自然资源和人文资源，与已有的交通系统、生态廊道、功能设施相连接，加强各元素间的联系，使其相互作用、相互促进，引导形成健康环境，发挥其综合功能。

二、生态性原则

我国自古以来就讲究"天人合一""道法自然"，具体表现在人与自然的关系中，主张人与自然本质上相通，一切人事均应顺应自然规律，实现人与自然和谐相

---

① 贝塔朗菲. 一般系统论导论[J]. 自然科学哲学问题丛刊,1979(2):1-2.

处,人与物质和谐统一。良好的生态环境是人居环境所具有的最宝贵的资源。在人居自然环境开发建设中,任何不合理的设计都可能对生物多样性造成不可挽回的破坏,因此,人居环境的健康营造应该建立在保护生态环境的基础上,尊重生态基底和顺应自然机理,尽量减少对原生环境的水文、地形、历史人文等的干扰和影响,避免脱离现状和大拆大建。目前,城市的迅速发展使得城市中的自然空间越来越少,人造空间越来越多,这已经打破了原有的生态平衡。如果人们不能正确地对待自然环境,那么生态环境将会进一步恶化,所以在人居环境的健康构建过程中,生态性原则至关重要,应该尽可能减少对生态环境的干扰,保持城市自然环境的生物多样性。只有这样,人居环境才能通过自我修复不断提高自然景观的质量,进而提高其对人们的吸引力,使得人们愿意在城市环境空间中进行健康活动。

另外,如今人们更加关注身心健康和自身感受,更渴望在优美的自然环境中参与活动。在对自然环境的向往中,人们需要调整与自然的关系。这样的调整不仅是要保持一种平衡的状态,也需要借助人为的力量改造自然,促进人类社会的发展。人类要合理利用知识创建舒适的环境,实现人与自然的和谐共处,从而促进人类的良性发展。因此,健康导向型人居环境规划也应重视生态环境的可持续性,符合自然规律的要求,坚持回归自然的生态可持续发展原则。在尽可能保护原有生态环境的基础上,考虑自然植物和水体对人体健康的效益,最大限度地发挥植物的生态功能和保持景观的可持续性,创造人与自然和谐相处、可持续发展的健康环境。

三、人性化原则

人居环境与居民的生活息息相关。居民作为环境空间的主要使用者,有休闲、游憩、健身、娱乐等多方面的需求。因此在规划设计时需要遵循人性化原则,从健康出发,充分考虑居民的身心需求,把人的尺度和行为方式作为基本依据,从而保证人居环境的整体合理、安全。不同的使用人群的需求也不尽相同,要针对目标使用人群进行人性化的规划设计,完善服务设施,确保能够为不同类型的使用群体提供所需的公共活动空间。同时,应满足无障碍要求,保障老人、儿童、残疾人等弱势群体使用时的安全性、便利性、舒适性。因此,健康导向型人居环境规划要坚持人性化原则,面向社会全体人群,充分考虑不同年龄层次、不同文化背景、不同收入阶层人群的不同需求,特别是要考虑到老人、儿童等特殊人群出于生理或心理的原因对各环境因素的特殊要求和需求,为其提供相应的活动设施和场所,完善空间的通用化设计,营造老少皆宜、代际共享的和谐景象。

四、多元化原则

人们在人居环境中进行的健康活动可以有效地增强人居环境的健康活力,因此,人的健康活动成了健康人居环境构建的重要考虑因素。一般来讲,人们在人居环境中开展的活动是多元的、复合的,而不是单一的、定向的,所以人居环境的规划设计应该遵守多元化原则,打造多元化的空间形态,布置多功能的设施。单一的空间形式和设施会给人带来压抑、拘束的感觉,人们在没有选择的情况下被迫进行的活动必然是乏味的、缺少活力的,这必将影响人居环境的健康构建;多元化的空间为人们提供了多元化的选择,功能上的复合性和形式上的多元化使得人居环境更具吸引力。在多元化的人居环境空间中,人们可以选择多种健康活动,不同年龄的人群可以根据需求选择合适的活动方式。因此,人居环境规划应坚持多元化原则,从设施布置和形态设计方面入手,考虑空间的功能复合设计,提高空间的利用效率,促进不同代际人群的交往。保证既有满足单一年龄段各类活动的空间,也有满足不同年龄段不同活动的多功能空间;既有满足不同时间段的不同休闲活动的空间,又有满足同一时间段多种人群使用的空间。

第二节　健康导向型人居环境规划的关键点

一、强调"人本位"的规划思想

第二次世界大战结束后,欧洲国家城市环境开始恶化,人们不得不重新审视人类生存环境的建设问题。十次小组(Team 10)以及荷兰的一些建筑师提出了源自文艺复兴时期人文主义传统思想的人本主义城市规划思想,意在重振城市中一度迷失的人文精神,其核心主题是以人为核心,并将社会生活引入城市空间,强调城市空间人性尺度的回归,注重人性化空间场所的营造,强调回归传统社区生活和建造人文化城市空间[①]。人本主义城市规划思想的主要特征表现为以下几点。

(1)强调规划设计中社会文化的融合与多元化,以反映居民不断增长的物质和精神方面的需求,体现城市超越时空的文化价值与模式。

(2)提倡城市建设的渐进式小规模开发,强调对根本的、合理的城市现存社会、文化结构进行优化,而不是激进地进行大规模改造。

(3)强调人性化的场所营造和人性尺度的回归,保持城市不同时代里所具有的相同特色,提高城市中心的使用率,赋予场所增加人生经验的作用。

(4)提倡规划服务全社会,要求规划提供建设意图,使每位市民可以从中获得共鸣,有自己的想法和权利去创建环境,并能在特定状况下作出自己的决定。

---

① SMITHSON A. Team 10 Primer[M]. Cambridge:The MIT Press,1974.

（5）鼓励城市环境的混合使用，这有助于丰富城市特色，融合土地使用与活动，降低交通风险，减少污染，打造城市生活的舞台。

在当前"健康中国"战略背景下，城市建设强调恢复人在城市中的主导地位和对城市空间的公平使用权利。人本主义城市规划思想与新城市主义在强调人性化城市空间方面达成共识，都提倡将步行人居环境的交通重要性提升到车行交通之上，提高对行人的重视程度和加强安全保障，以及通过创造更吸引人的城市环境来提升人居环境的品质并激发多样性活动。建立完善的城市公共交通体系并实现与其他交通方式的便捷转接，鼓励步行和骑行，建设具有多元游憩功能以及城市文化特色的人居环境，通过功能的混合及空间尺度和层次的人性化，提高环境舒适度和景观质量，使人居环境更富有吸引力，更有益于城市和居民的双重健康。贯彻"人本位"的思想，有利于城市居民身心健康，进而激发居民创造更多元、更灿烂的城市文明。

二、秉持"人性化"的设计理念

健康导向型人居环境建设，不仅要从上级规划的角度对具体的更新进行宏观的把握，更要在城市设计层面强调人居环境更新对于健康的导向性作用，具体指导如何以健康和可持续发展为目标，进行具体环境的创建、更新和改造。人是社会的主体，城市社区人居环境优化的抓手最终还得落实到"人"的角度。"人性化"是一种理念，具体体现在尊重人的内在感受和内在期许，满足人的心理需求。

秉持"人性化"的设计理念即通过基本人性尺度的回归来塑造人性化的场所空间，学习城市过去的经验，从地方传统中提取广场、建筑、人行步道和健身设施等的设计品质和式样，并结合现代设计手法将其转化，使场所具有宜人的空间尺度，在视觉上和空间上都更吸引人。在以健康理念为主的城市公共空间中活动的主体是人，使人在其中产生轻松、愉悦、惬意的感受，从而愿意在空间中进行活动是人居环境建设的目的，这就要求人居环境中的空间尺度及环境要素要符合人体的生理尺度、心理感受以及社会交往距离等。使空间既能够给人丰富的体验，又能够保证居民拥有适当的个人领域，是健康导向型人居环境规划的基本要求。

大众对城市公共空间的需求是多层面、多方位的，人们希望通过各种行为活动获得亲切、舒适、轻松、愉悦、平等、安全、自由的心理感受，所谓人性化公共空间就是能给人以上述感受的空间。健康导向型人居环境规划应该帮助人们提高对公共空间环境的关注度和参与程度，以及保障人们对公共空间公平使用的权利，重视可能引起每个市民共鸣的空间信息的传递。因此，建设有益于健康的城市人居环境，要秉持"人性化"的设计理念，塑造尺度适宜、景观精致、设施完善、环境优雅的人居环境交通空间、游憩空间和人文空间。

三、保持城市环境的场所精神

空间不是独立存在的,而是依赖于历史、文化、周围建筑物或环境,以及人们使用它的方式而存在。一方面,它的存在是一个自成一格的实体;另一方面,它要适应周围环境,要拥有一种精神和意义,让使用者可以从中获取信息、感知意象,并将环境符号语言深刻地转化成自己的东西①。

"场所"的英文直译是 place,其含义的狭义解释是"基地",对应英文中的 site;广义上可解释为"土地"或"脉络",也就是英文中的 land 或 context。从某种意义上说,"场所"是一个人记忆的一种物体化和空间化载体,也就是城市学家所谓的"场所感"(sense of place),或"对某地的认同感和归属感"。这种场所感引申为特定空间所传达出的精神或透露出的信息,可以解释为"场所的精神"(the spirit of place)。"文脉"一词,源于语言学范畴,从狭义上解释即"一种文化的脉络",美国人类学家克拉柯亨把"文脉"界定为"历史上所创造的生存的式样系统"。将"文脉"理解为"语境",是指各种元素之间的内在联系,更确切地说,是指局部与整体之间的对话。在城市规划方面,尊重历史文脉,即从人文、历史角度研究城市群体空间环境,强调特定范围内的个别环境因素与整体的和谐对话关系,保持时间与空间的连续性。

城市是社会文化的荟萃,是建筑、艺术的精华和科学技术的结晶。为了不再让一些有历史价值、情感价值、文化价值和社会价值的历史街区及老建筑从城市空间中消失,为了不让我们生存的城市环境进一步沦为消极的、毫无特色的非人性化空间场所,为了让富有活力和多样化的城市运动生活得以复兴,寻找失落的城市场所文脉和打造积极的城市运动空间环境十分必要,这样既能继承和延续城市文脉,又能促进物质经济发展和社会文明进步。

人居环境规划的内容之一是塑造具有特色的环境景观,而环境的景观特色与城市街区的历史、文化、建筑风格、民俗、风情等一系列显性和隐性的文化传统是不可分割的,城市环境的更新若要实现城与民的双重健康,就必须保持城市环境原有的文脉意义和公共空间的场所精神,营造亲和、宜人的空间场所感,丰富公共活动,使居民对人居环境心生向往,从而创造更灿烂的城市文化,助力城市特色的凸显和城市文化的健康传承。因此,健身绿道、步行街区、城市广场、体育公园等城市公共空间的环境设计,要充分利用城市的历史、文化资源和符号,在建设开发的同时注重无形的文化遗产的传承和延续意义。

---

① 加莫里,坦南特.城市开放空间设计[M].张倩,译.北京:中国建筑工业出版社,2007.

第三节　健康导向型人居环境规划的宏观路径

一、加强政府顶层设计，完善政策制度体系

政府干预是人居环境质量分异的重要驱动力。人居环境建设涉及面广、问题多、难度大、影响深远，需要跨部门、跨领域、跨行业配合协助，调动方方面面的力量和积极性，是一个相当庞大、系统、复杂的工程。当前，人居环境建设存在的问题是长期形成的，不可能在短时间内得到解决。要提升健康导向型人居环境质量，仅通过个人或是社区的努力是无法实现的，还需要政府的统筹规划和统一安排。有鉴于此，可以从以下几个方面着手。

一是完善有关健康导向型人居环境建设的相关法律法规体系，形成政策合力。法规制度具有长期性、全局性和稳定性的特点，由于人居环境建设不是"一时""一事"的，而是长期性、持续性的，需要完善的法律法规予以指导和规范。从国内的健康城市建设现状来看，有关人居环境建设相关事项的法律规定有待完善，还有很多亟待明确的问题。各城市在有关人居环境建设相关事项的法律法规上存在不统一性，各城市差别比较大。有的城市呈现出良好的发展态势；有的城市无论是在法律法规的数量上、层次上、质量上，还是在与国家上位法的衔接、配套方面都存在不足之处，有待进一步改善。

二是根据不同城市人居环境建设状况，针对性地为城市配套服务设施建设的标准。随着"健康中国"战略的布局谋划和全民健身计划的开展，公共服务设施的需求和建设规模不断扩大，这些建设工作离不开科学、规范的标准。城市服务设施建设标准是人居环境建设的重要依据，具有极其重要的意义和作用。国内现况是不同规模、不同地域的城市的人居环境建设存在显著差异，大城市人居环境建设水平明显高于小城市，东部地区城市人居环境建设水平高于中西部地区。健康人居环境建设是重要的民生工程，是每一位公民有权公平享受的空间利益。各城市还需要结合自身情况采取有针对性的措施，注重不同社区、地区间的协同推进，充分发挥发展较好的社区和地区的带动示范效应，推广先进经验。

三是借鉴国外人居环境建设制度实施策略，在政府支持下带动各方力量互动协作。健康导向型人居环境的构建如果过多地考虑公众健康、公众利益，必然会导致个人利益和社区公众利益的不平衡以及不和谐发展。在我国，主要通过对空间形态的设计来确定人居环境空间的发展要求，再进行规划建设，即通过实施相关导则来控制，但并没有将其纳入相关的城市规划法律体系，因此不具备法律效力。在

管理中,这种"设计建议"的方式所起的作用较为微弱,难以让设计建设的成果发挥其应有的作用。针对这一不足,可借鉴国外相关经验。例如,美国的区划法是基于"保障公众健康、安全和福利"产生的控制城市开发的核心法律,将城市设计的相关领域融入规划法而产生相应的法律效力,从而实现了真正的管理。鉴于此,健康导向型人居环境的规划,一方面是要依靠相关法律法规的保障,以确保居民共同利益的实现;另一方面是对于私人利益,政府可以给予制度上的引导、控制、激励,促进社区居民公共利益和私人利益两者的协调发展,并实行专家评审和公众参与的机制,促进多方的互动合作。

四是依靠奖励制度的引导,鼓励开发有益于公众健康的环境建设项目。健康城市的理念对人居环境规划建设提出了种种要求,然而社区整体环境的改善需要花费的资金往往比收益要多,这必然导致开发用地受到限制以及私人利益有所损失,单凭相关的法律法规难以激发开发商们的热情,也难以真正达到预期的改善效果,因此,城市规划要考虑空间利益和经济利益,以奖励制度鼓励私人开发项目。奖励分为两种:一种是对较好贯彻城市设计意图的建设行为的奖励,如规划单元整体开发;另一种是对保障城市公共利益的建设行为的奖励,如开发权转让。奖励制度的引导保障能更好地推动健康人居环境规划的实施。

二、加大资金投入力度,鼓励社会力量参与

经济发展是人居环境质量分异的外在核心驱动力。健康人居环境建设所有的规划、设想,最终要落地生根,都离不开一定的资金支持。不同城市之间的经济发展水平存在差距,财政收入存在差距,对人居环境建设的资金投入力度也就存在差距。一些经济欠发达城市财政收支矛盾明显,城市服务设施建设和公共服务供给能力严重不足。这些城市单纯依靠本地区政府的财政投入和融资渠道远远不足以实现健康人居环境建设,无法满足群体对安全、健康、舒适的人居环境的迫切需求。中央和各省政府有必要在当年的财政支出允许的情况下,考虑适当增加对经济欠发达城市的转移性支付以弥补地方自有财力的不足,使这些城市的群体也能享有同等质量的社区人居环境,以此保障健康人居环境建设城市间的平衡发展。

人居环境建设是关乎民生的一项重大工程,政府有必要设置专项资金,专门用于人居环境建设,同时建立健全的与人口老龄化的现状和发展趋势、城市经济社会发展水平相适应的宜居社区人居环境建设经费保障机制,在财政能力允许的范围内,不断加大财政投入力度。各城市要聚焦人居环境建设短板,促进区域内健康人居环境各要素的均衡协调发展。还要关注社区中的弱势群体,重点加强养老设施建设和基本养老服务供给,加大对经济困难的老年人的补贴力度,使这些老年人也能享有舒适、宜居的人居环境。此外,还需要动员全社会力量参与健康城市建设项

目,鼓励金融机构开发面向人居环境重点工程的相关金融产品和服务,不断拓宽人居环境建设的投资渠道,保证持续不断、稳定有效的资金投入。因此,有必要采取鼓励性措施,引导社会资本进入人居环境建设领域,发挥财政资金的放大作用和撬动效应,充分利用社会资源,整合社会力量,实现各方资源优势的互补,推动政府相关部门、社会组织以及企业共同合作,提高人居环境质量。

三、鼓励公众集体参与,加强公众意识驱动

健康导向型人居环境建设是一项系统工程,不仅要建设便于居民生活出行的设施、提供高效优质的服务,还要营建良好的社会空间。社区是居民共同拥有的生活空间,在健康活动推广的实践中,每个居民都应该有意识或自觉地参与到整个过程中来,该过程实质上也是一个环境教育的推动实践。有必要通过大众传媒进行宣传和教育,增强居民的健身意识和健康认识,教导居民如何在社区进行有效的体力活动,培养居民的健康生活意识。其中,普及全民健身在健康导向型人居环境建设中显得尤为必要,可从以下几个方面着手。

一是加大对全民健身活动的宣传力度,增强居民的健身意识。可以在传统文字宣讲的基础上,充分利用互联网等数字化宣传方式,除了让居民了解健身活动本身的意义和作用,还要重点宣传日常体力活动的科学性,引导居民正确有效地将日常的行为活动转换为体力活动锻炼。提倡在社区利用健身设施开展丰富的体育竞赛活动,强化社区体育指导,以适应全民健身活动不断发展的需要。

二是利用社区民间组织的力量协助健康导向型人居环境建设。社区民间组织作为民间组织体系中的一种,诞生于社区。我国把社区民间组织阐述为:由社区组织或个人在社区范围内单独或联合举办的,以本社区成员为主体,以本社区为主要活动场所,遵守国家法律法规,尊重社会公德,以自我管理、自我教育、自我娱乐为主要活动目的,满足社区居民不同需求的、自发形成的群众团体队伍或组织。社区民间组织有助于推动社区内各项活动的积极开展,比如基层文化、教育、体育活动等。健康导向型人居环境构建除了依靠城市规划师对社区空间环境的重塑,还可以依靠社区民间组织的辅助驱动。社区民间组织是由具备社会化、专业化特点的社区爱好者组成的团体,在社区活动开展中具有较大的作用。可以通过社区民间组织开展全民健身活动的相关项目,为居民提供服务,这不仅能够促进居民的身体健康,而且能在一定程度上对品牌社区塑造起到积极的作用。另外,社区民间组织能够整合社区拥有的各种资源,在情感基础上,通过习惯、习俗等在社区居民中形成较大的影响力,有利于健康导向型人居环境建设。

三是鼓励公众参与集体环境维护。景观园林设计师卡尔·林曾提出公众自助景观环境体系。他提倡以自建家园为主要方式,鼓励居民参与社区公共空间的建

设与维护,例如利用社区内的闲置地块,由居民自主参与建设,地块由社区居民组成团体一起投资,一同管理。这是一种新型的社区交往模式,以这种模式来鼓励居民参与到人居环境的集体建设和维护之中,可以促进居民之间的交往,从而满足居民的社会交往需求,获得一种社区归属感。同时,公众参与建设的活动,在一定程度上能够增加居民的体力活动量,丰富居民的活动内容并增加其活动时间,有助于打造健康的社区生活。

第四节　健康导向型人居环境规划的具体策略

一、交通环境要素规划

交通环境是人居物质环境的外在表现,与居民日常生活和出行关系密切,是居民环境感受因素。良好的道路连接性和便捷完善的公共交通系统,能促使居民步行出行和骑自行车出行,提高其户外体力活动水平。为此,需要对城市交通规划与健康出行环境的营造做整体考虑,使城市交通环境向着健康、有序、和谐的方向发展,在构建以健康为导向的人居环境时可以从以下几个方面考虑。

(一)完善城市公共交通系统

完善城市公共交通系统的主要目的是利用公共交通来控制城市车辆增加所带来的交通拥挤、环境污染、人的安全与健康受到威胁、城市活力减弱等一系列问题,并通过公共交通的发展,促进人们的出行行为并进行正面引导。公共交通系统的建立与完善对人们的出行行为(包括出行方式、出行频率、出行距离等)有着重要的意义。

首先,建立完善的城市公共交通服务系统,需要从很多影响公交系统服务水平的方面进行改进,其中包括覆盖整个区域的清晰的公共交通网络,核心公交站点服务半径的大小要与区域各功能区布局相适应,并与辅助公交线路有机结合,共同为区域提供方便快捷的服务;公共交通各个系统间以及公共交通与非机动交通系统间应能够实现方便转换与接驳,用最少的换乘次数、最短的换乘距离实现最高效率、最低成本的交通转换;公共交通系统应具有与区域相适应的服务,并时刻根据需求进行改善,如交通工具的安全性能改善、清洁能源的使用、车体噪声的降低、乘车优惠政策的实施等;公共交通系统还应具备与之配套的一系列服务,如车辆班次的准时到站、站台与车体的人性化设计、车体外观的动态景观性设计、卫星定位系统结合交通控制措施实现公交优先通行、设置专用公交车道等,以及公交站点周围步行环境的建设等。

其次,城市慢行系统的构建是健康城市理论中实现公共健康的一项重要措施,因此,在健康人居环境建设中,城市慢行系统同样具有重要地位。对城市空间道路交通的打造,应优先考虑慢行道路,在规划时将慢行道路融入城市道路交通体系,并进行有机衔接。在住区周边设置步行和自行车专用路径,方便居民出行。还要注重人车协调的设计,提供安全的十字路口和过街通道环境,采取一定的措施降低机动车车速和噪声。此外,在构建慢行系统的过程中,除了需要考虑对"动空间"的打造,还需要在慢行道路沿线设置"静空间"。在道路沿途,可加入一些凉亭、特色座椅等人性化的设施要素,构筑慢行系统中的慢行节点空间,有利于吸引居民进行健康活动,提升慢行运动频率和慢行设施的使用率。

最后,常规公共交通是支撑一座城市交通运行的主要方式。公交站点作为公共交通网络的重要节点,是面向乘客服务的终端,对提高公共交通站点服务水平的意义极大。美国纽约的一项调查研究显示:当地居民的肥胖率与其居住区域公共交通站点的数量成反比①。当人们的住所离公交站点近时,会更倾向于步行前往公交站点乘坐公共交通工具出行,这一过程便是在进行体力活动。可见,居住区域的各建筑出入口的布置与公交站点之间的距离应以最小为宜。便捷宜人的步行街道还应该与公共交通站点直接相连,街道可设计成方格网状,以便人们通过步行可直接到达各目的地,在每个步行区范围内,核心公共交通站点与各个换乘站点均以方便居民出行为原则进行设置,提供良好的公共交通配套服务,以此促使人们愿意享受公共交通的便利服务,尽可能少地使用私人小汽车出行并逐渐降低对其的依赖性。另外,舒适的街道环境也是诱导行人选择步行的重要因素。在对连接公交站点的街道空间进行设计时,沿途的景观是一个个活力节点,良好的沿途景观设计可使行人忘记步行的距离,甚至忽略行走途中的疲劳。

(二)提升公共空间的可达性

健康导向下的绿色交通体系的开发模式是通过不同种类的绿色交通设施建设,以及完善交通设施相互之间的换乘与转换,提高绿色交通方式的选择性。该模式在缓解交通压力的同时,能减少交通所带来的城市污染,给居民营造干净、整洁、健康的交通环境。因此,对于街道连接、十字路口以及人行道路等交通环境的规划,要以促进人群健康为导向,从社区街道、社区步行路径、公共空间等方面来构建便捷的道路交通路径,提升公共空间的可达性。

---

① MICHAEL B. Active design guidelines：Promoting physical activity and health in design [R]. New York：NYC Department of Design and Construction，2010.

首先,人车共享的社区生活街道步行交通流是城市社区中最主要的步行流,而步行交通活动也是社区中最主要的步行活动,社区的步行交通网络类似于树叶的经脉。其中,经类似于社区的生活街道,而脉类似于社区的主要交通干线,它们共同构成了社区的整个交通网络。在社区交通网络中,步行交通是社区各个活动场所之间的媒介。畅通、合理的步行交通系统能够促进社区交通的有序运行,使社区内的活动场所可及和可便利到达。同时,应设置布局合理以及便捷到达的公共交通乘换点,以便与骑行、步行无缝衔接。合理设置共享单车的停放点,尽可能满足居民使用需求和提高使用率,以增加居民到活动地点的路径选择,提高公共空间的可达性。

其次,社区步行交通主要是指以步行为主的各种空间形式,例如人行道、步行街、步行广场等。良好舒适的步行交通网络是以居民的通勤、购物、活动等为主的路径流线,以连接游戏场所、广场等通向住户楼栋的路线为辅,通过整合必要性、自发性和社会性的活动,注重各要素之间的衔接与过渡,从而保障步行路线的连续性、整体性,满足社区生活的多样性要求。建立相互连通的自行车道和步行路道,以提高慢行网络的密度。另外,舒适的步行环境能够吸引更多的社区居民选择步行出行,这不仅可以改善社区交通堵塞的情况,还可以提高社区的交通安全性,保障居民的外出活动安全。从经济角度考虑,步行者在街道逗留可以给社区带来经济效益,促进社区沿街商业的发展。而且步行是最简单的健身方式,也是最低成本的健身运动,有助于提高居民的身体健康水平。

最后,注重居民目的地公共空间的可及性,可以降低居民对于私人汽车的依赖性,促使居民选择更为健康的出行方式,增加体力活动量。目的地的公共空间如果步行可达,那么在交通工具的选择上居民就更倾向于选择较为便利的公共交通工具。这样一来,既提高了公共交通工具的使用率,也促进了公共交通配套服务设施的完善。如果越来越多的居民选择步行或乘坐公共交通工具上下班、购物、前往开放空间活动,用于小汽车的停车空间就会减少,区域内的空气质量也会得到改善,人们在交叉选择步行和乘坐公共交通工具出行时,既享受到了公共交通的便利和高效,又因为更多的对步行友好的环境而使身体得到锻炼,精神获得愉悦,交往需求得到满足,健康得到保证。

(三)提高出行环境的安全性

不可否认,通过对机动车限行和限速的方法可以增强街道对于行人的安全保障,但人居环境自身的安全性高低还体现在能否创造安全和谐的公共空间,是否对居民在心理上起到安全抚慰作用。在城市步行环境中,人们出行时碰到的绝大部分是陌生人,当人们面对陌生人时,出于本能会产生一种戒备心理,这是人们摆脱了机动交通的威胁后仍然存在的不安全感,要消除这种不安,就需要人居环境提供一种空间凝聚力,一种亲切的易于交往的空间情境,以增加人与人之间的社会交往可能,从而增强公共安全和信任感。比如在荷兰的"生活的庭院"(woonerf)中,街道成为居住区的共享庭院,人们在"自家院子"中与行人碰面的机会增多,交流和交往活动也就逐渐增多,人居环境的安全性也就间接得到了提高。无论是居住区还是公共空间,行走或驻足的人们在静态的街道空间上自发地形成一个安全监视系统"街道眼",使步行生活安全、有序、有活力。这也应了简·雅格布斯在《美国大城市的死与生》一书中提出的:"一个成功的城市地区的基本原则是人们在街上身处陌生人之间时必须能感到人身安全,必须不会潜意识感觉受到陌生人的威胁。"

提高出行环境的安全性,实际上是对人在户外交通环境中对于环境安全的心理需求的响应,也是对居民心理健康的关注。公共交往的增多消除的是由人际关系问题带来的"看得见的"安全隐患,而对于那些"看不见的"隐藏着的环境安全威胁,比如犯罪和暴力事件等潜在危险,则需要适当的空间改善和人工防范来抵御。人们在街道、广场等步行空间行走和停留时,会有意无意地靠近围墙、柱廊、树木、栏杆扶手等,因为这些物体或空间界限可以提供边界感和依靠感,从而降低危险发生的可能性。应在人居环境的建筑界面的凹空间和阴暗处等区域做重点防范,此类区域应尽量避免由树木、雕塑等带来的视线遮蔽,并且应具备足够的照明和智能防范设备,包括路灯、监视器、报警器等,保证居民在夜间人身安全不受侵害,结合人居环境功能激发夜间活动的活力,也有助于空间安全氛围的提高。

在城市交通环境中,小街区、密路网是减少短距离车行的前提,安全的道路交叉口设计、全天候立体交通网络的设计和安全便捷的公交换乘点设计是居民安全出行的基础。安全便捷的出行环境,可以有效减少交通事故,还有利于减少人暴露在污染空气中的时间,是居民绿色出行的基本保障。步行与骑行设施、公交站点的一体化设计,可以有效地将居民短距离出行和长距离出行结合起来,替代汽车出行,减少汽车出行对人体健康造成的影响,增强居民绿色出行的意愿,同时应注意公交换乘的安全设计。

防护设施是守护行人安全的最后一道防线,在"主动干预"的健康城市设计理念下,配置齐全的防护设施可以降低人体暴露在危险环境中的风险。通常来说,城市交通系统中的隔离设施的设计只是为了分隔空间和防止冲撞,忽视了车辆噪声和汽车尾气对周边居民和行人健康的危害,如各类隔离护栏的设置。植物绿化具有隔离噪声和吸收汽车尾气的作用,因此可将绿化带作为步行与车行的防护隔离设施。有研究表明,50cm 高的绿化带可显著减少汽车尾气向人行道的扩散,高度在 150cm 以上的绿化带可以有效隔绝噪声。人流密集区的人行道的绿化隔离带还可结合各类街道设施进行设计,通过这些设施的共同作用可以形成缓冲带,有效分隔步行道和车行道。比如利用行道树结合小型花坛景观的方式,可以打造具有观赏功能的防护设施带,提醒司机降低车速。

人居环境还应该提供行人生理安全保障。若临街建筑设置有雨篷、遮阳棚或廊道,人们则更愿意靠近建筑或在连廊下行走,因为这样的过渡性界面既能够提供遮蔽,又能防止高空坠物带来的伤害,同时也能有效地隔离街道中的汽车。对于气候特殊的城市,应灵活运用技术手段,改善步行环境的安全性。比如寒地城市除进行地下步行空间的开发外,还应对天桥、建筑二层连廊等进行围合,形成暖廊;有条件的地区还可在冬天提供采暖设备,提高步行的舒适度;对户外环境进行改善,如硬质铺装应采用防滑材料,在街道两侧建筑界面设置雨篷等。

(四)提倡 TOD 社区混合模式

TOD (transit oriented development,公共交通导向型开发)由皮特·卡尔索普(Peter Calthorpe)在 1995 年出版的《未来美国大都市:生态·社区·美国梦》(*The Next American Metropolis: Ecology, Community, and the American Dream*)[1]中提出。TOD 社区是指布局紧凑、功能混合的社区,沿主要城市交通线路布置较多的商业服务,住宅用地分布在商业服务区周边,少量产业用地可以在社区用地与居住用地间进行平衡,方便居民就业和减小对外交通压力。社区边界要求距离社区中心的公交站点以及核心区域的商业设施大约为 400m,相当于 5min 的步行距离,强调创造良好的步行环境,同时鼓励乘坐公共交通工具出行。能提高居民体力活动水平的社区规划,强调与公共交通枢纽周边用地保持一体化协调,提高公共交通的竞争活力。例如位于美国俄勒冈州波特兰市希斯波罗镇的奥伦柯(Orenco)车站社区就是一个典型的 TOD 社区。其社区的商业和休闲聚会场所位于社区的中心地段,居民到达社区中心均在 5min 的步行距离内,对于在社区以外工作的居民,社区为其提供了多种交通方式,由于社区紧邻轻轨站,所以居民可以方便地乘坐轻轨或其他公共交通工具到达工作地。奥伦柯社区在 1998 年被美国房屋建筑商协会评为年度最佳社区,这一成功案例说明最佳的社区发展模式并非传统的郊区蔓延开发,社区的便捷通勤以及人性化设计才是居民最切实的需求。

从居民安全和归属需求角度考虑,创建一个舒适愉悦以及安全的住区交通环境,可以使环境使用者和居住环境各要素之间形成良好的互动,增加居民外出的机会和健康行为发生的概率。在一般情况下,具有共同运动兴趣的人喜欢一起进行锻炼。活动场所或者运动器材设施等公共资源可以使居民聚集在一起参与运动,

---

① PETER CALTHORPE. The Next American Metropolis: Ecology, Community, and the American Dream[M]. New York: Princeton Architectural Press, 1995.

促进人与人之间的社会融合及相互交流。因此,健康导向型人居环境的规划还需要考虑良好的共享空间的设计,住区的空间形态应具有灵活性,提倡邻里交往,在共享的资源平台下,增加居民之间参与体力活动的联系与交往。另外,要关注居民社会交往活动的可能和需求,多营造居民能共同参与的活动空间,同时注意不同人群的喜好和活动特征。

对于城市整体环境来说,可以优化环境的公共空间,如景观绿地、房屋建筑、街道路径等之间的连接性,充分挖掘城市住区的开放空间,在一定程度上实现社区公共空间的资源共享。尽可能将步行路径、自行车道、绿色生态廊道、城市绿化景观和旅游路线串联起来建设,将城市的景观、绿道和旅游系统结合起来,共同规划城市重要的公共空间,提升城市整体的居住环境品质。总之,交通环境是一个综合的整体,除具有基本的社会功能和能满足居民需求之外,还要符合自然的规律,遵循生态原则和人性化理念,体现出健康、宜居及安全的属性。

二、游憩环境要素规划

游憩环境为居民提供一定的运动和休闲娱乐场所,也是居民进行社会交往和获得情感体验的空间,对休闲性体力活动影响较大。景观宜人和丰富多元的游憩空间更能够为城市居民的身心健康和开展社会交往活动提供优质的物质环境条件,并对现代人趋于健康的生活方式产生积极正面的影响。因此,在构建以健康为导向的游憩环境时可以从以下几个方面考虑。

(一)打造复合的活动空间类型

城市公共活动空间可以为居民带来健康的交往环境,增加人们交流、沟通的机会,有利于邻里感情、家庭感情的促进。因此,种类多样、功能齐备的活动空间对满足居民多样化需求起到了重要作用,也是健康人居环境建设的重点。机器化生产带来的生活闲暇化,以及健康水平提高带来的人口老龄化,使得人们对于公共活动空间的需求日益增加。丰富的活动空间类型,使人们可以在公共空间参与体育锻炼、健身活动、素质拓展、集体游戏等,不仅实实在在有利于人的生理健康,而且促进了居民的社会交往,丰富了居民的精神文化生活。所以,一个积极健康的人居环境应该是具有复合功能的空间场所,布局灵活且功能多样,不管是活动空间的类型(如休憩交流空间、康体健身空间、休闲娱乐空间以及文化教育空间等)还是具体的活动形式都应该是多样化的,并且强调与使用者具体的健康需求相吻合。

对于休闲娱乐空间,应根据居民具体的活动形式及活动人数来进行布置,如个体性活动、小型群体性活动以及集体性活动等。对于个体性活动,活动类型主要为聊天和散步,活动场地面积不应过大,并应结合植物小品等景观配置以保证空间的私密性，座椅的设置应便于静谧交流；三五成群的小型群体性活动则要求活动空间相对较大，以下棋、打牌、散步、遛狗为主；集体性活动如曲艺表演、唱歌跳舞等，要求场地空间大，能保证一定人数的居民同时在场地内进行活动，且对休憩设施的需求较大，这类空间往往需要考虑通过植物以及构筑物等景观要素进行有效的隔音降噪，防止对周围其他区域产生过多干扰。

对于康体健身空间，应该考虑场地空间以及健身设施的设计是否符合人群的实际需求。考虑到老龄化人口快速增长的现状，应该从安全性和便利性角度提高健身空间的适老化程度。比如，增设座椅以方便老年人健身运动后休息；健身器械区域的铺装考虑安全，可使用塑胶铺地。还应扩大设施点规模以提升其健身供给水平，可以再适当多增加一些适合老年人的健身设施，并且做好后续的维护管理工作，健身空间也要适当扩大。同时，要注意道路沿线景观的打造，可以增设一些人工水景，如喷泉、水池等，在活跃景观氛围的同时能够增加空气负离子、净化环境，获得动态观赏和优化环境的双重效益，促进居民身心愉悦和健康。

对于休憩交往空间，除固定的常规座椅外，还可以提供适量的可移动的轻便座椅，居民可以在进入并使用空间的时候根据自身需求进行座椅的灵活摆放，可以是在阳光下晒背静坐，也可以是在树荫下纳凉闲谈。这种可移动的设施能够提高游憩空间的人性化程度，以及居民对于空间的控制感及自主性。同时，通过可移动的景观设施，可以创造更多社交可能性，有利于社交健康。利用滚轮或轻型材质等可以使景观设施脱离固定的场所位置，由空间使用者自己来决定设施的摆放位置和组合方式，根据自身的需求，对可移动式景观设施进行拆分重组，既可以近距离交谈聊天，也可以多人围坐在一起进行文化交往及开展休闲娱乐活动，比如曲艺活动、棋牌活动等。人们可以自由开发活动领域和交往形式，以此促进自发性活动及社会性活动的发生，让人成为景观环境的主人。

对于城市公共空间，有必要结合运动健身、休闲康体、邻里交往、游玩观赏等居民体力活动，对日常生活所需的空间进行混合布局，多样化的活动空间将增加居民活动空间的选择。比如小型活动空间是居民使用健身器械的重要空间，动态景观如喷泉、风动装置、互动装置等与静态景观如雕塑相比，更有趣，充满活力。建议增加动态景观，形成视觉焦点，增强场地活力和吸引力，提升居民活动积极性，从而延长户外活动时间。居民偏好在离家近的公园、广场等场所进行体力活动，建议在居住区周边的公园绿地打造不同主题的活动空间，赋予场地更多的使用功能，增加居民活动的多样性。场地周边随四季变化布置不同的植物，从视觉、嗅觉、触觉等方面给居民带来愉悦感。不同类型的居民对于游憩活动及活动空间都有着不同的喜好，据此，健康活动的空间应该营造多元化的游憩环境，在丰富休憩空间种类的同时，充分考虑环境的专门性、主题性和游戏性。同时，开放式的运动空间和休闲环境应该方便居民到达和使用,建设分布均衡、合理的游憩场地,比如城市公园、休闲广场、健身绿道等,是确保居民进行有效体力活动和交往活动的关键。

(二)提供全龄人群的活动空间

对具有健康促进作用的人居环境进行规划设计时,必须考虑不同人群的生理和心理特征及需求,有针对性地设计。如对于社区休闲健身空间的布置,要根据不同年龄段人群的特点设置健身场地和设施,鼓励不同年龄段人群参与体力活动,促进健康。不同年龄段或某一年龄群体对于健身场地的需求都是多样化的,而这种多样化需求在实际设计中却容易被忽略,造成模式化、速度化的健身设施投放现象,忽略了人们对其使用的感受。健身设施是否安全,种类是否多样,设计是否合理,都是人们是否选择并使用健身设施进行健康锻炼的重要标准。

儿童由于身体机能和神经系统发育不完全,许多活动需要在成年人的指导下进行。因此,儿童活动区域的设施要体现活泼、可爱的特点,并注重安全性,如以软质设施及场地为主,增加具有趣味性的内容,并采用温和的色调,同时多开发如院子、花园、屋顶等儿童户外活动空间。儿童游戏空间还要引入自然要素,利用丰富的地面标记和喷涂画激发群体参与等。对于社区住宅空间,儿童活动区可布置在多栋住宅单元围合处,便于监护,同时注意自然元素的构建。还要注意与住宅单元保持合适的距离,减少噪声污染。另外,可以在儿童活动场地设置休息设施或健身器材,使家长在看护小孩时能够进行锻炼或社交活动。

青少年的速度、力量、耐力等素质虽然较幼年时期有大幅度提高,但由于骨骼尚未发育完全,力量型的练习不宜太多,可在活动场地稍增加与耐力、柔韧性、灵敏度等素质练习相关的器材。依据有趣、安全、合理等原则,设施上可考虑圆形跑道、篮球场、排球场、网球场等,增加照明设施,将游戏时间延长到夜晚。工作人群需要进行放松颈椎、增强体质等的运动,可以设置球类场地、跑道、健身房等。老年人由于各器官的功能逐渐下降,需选择体力负担稍小、速度较缓慢的锻炼项目,可设置平衡木、双人腰背按摩器等设施,并且提供可以开展太极拳、门球等活动的场地。

此外,还要考虑不同器材设施的配备和多功能空间的改造。首先,要选择种类多样的设施,满足人们对腿部、腰部以及上肢等不同身体部位进行锻炼的需求,在对应的健身增益点上也应涵盖肢体力量性、灵活协调性以及柔韧性等多个方面。其次,健身设施的安全性和维护度也是人们使用器材进行健身所需重点关注的,设施的材质应该具有牢固性、耐久性等特征,部件结构合理科学、受力均匀、安全耐用,并且需要定期进行检查和维护。最后,单一的功能空间不仅单调乏味,而且缺乏活力、利用率较低,设施丰富的广场、休闲空间,可以提升社区活力。通过对空间设施的多功能改造,可在单一微空间内同时容纳两种及以上类型的公共活动,实现复合功能。提供设施多样的活动场地（包括厕所、饮水处、小卖部），可满足居民在不同时段对不同类型的活动的需求，同时还能增加社区空间对不同年龄人群的包容度，有效促进居民进行体力活动。

（三）塑造宜人的绿化景观

绿化景观对居民的体力活动和健康影响系数较大，游憩空间应该与宜人的绿化景观塑造相结合，不但要从健康导向的理念出发，还要满足居民的美学需求，以提供优美舒适的高质量环境为目标。好的景观设计在愉悦居民的同时，还能增加活动空间的层次性，对于引导居民外出活动有着至关重要的作用。

在绿色植被景观方面，应该通过宜人的空间尺度和丰富的景观设置来舒缓居民的心理压力，增强其对地区的认同感和归属感及参与健康活动的意愿。有关资料表明，绿色植被景观能够延长人的锻炼时间，还能在很大程度上缓解焦虑等负面情绪、恢复自主性注意力，以及降低环境噪声等。研究证实，身处绿色景观中进行5min低强度的身体锻炼（如散步）就能够分别提升60％的整体情绪以及70％的自尊感[①]。同时，城市绿化可以减弱城市噪声、净化水源、减轻土壤污染、杀菌等。城市绿化也给人类带来多种益处，对促进人类身心健康有着良好的作用。同时，健康城市理念提出城市为人营造健康生态物质环境，即"以绿养人"。对城市空间植被进行合理配置以及打造垂直空间植被，通过多层次、多空间的城市植被类型，丰富城市景观，增加绿化层次，突出自然野趣。因此，在全方位打造游憩环境的独特风貌时，还要强调与自然环境的协调及环境设计的美学性，为居民提供健康向上、优美舒适的高质量游憩环境。

在景观空间设计方面，层次丰富且分明的景观空间能够使人心情明朗、愉悦舒适，有利于心理健康。在具体的景观空间设计上，应针对人群需要个人空间距离以及需要融入集体以避免产生孤独感的心理，优化景观空间层次。建议通过植物、水景等软质景观以及亭桥、长廊等具有通透性的构筑物来划分半私密、半开敞空间，让使用者能够在空间中进行多样化的健康活动，并且满足其领域感、安全感以及交往交流等需求，同时还能使空间不过分封闭，隔而不断，增强空间景深感；另外，还可以通过台阶式、梯田式的植物种植手法，结合高差设计增强场所景观的丰富性和层次感，还可以起到减少噪声干扰的作用。

在自然环境采光方面，研究表明，具有高浓度空气负离子的自然环境对人的心

---

① 姜斌,张恬,苏利文. 健康城市:论城市绿色景观对大众健康的影响机制及重要研究问题[J].景观设计学,2015(1):24-35.

率和血压、注意力、情绪等有着积极的影响①,建议增加康养环境中的多层林以及针阔林等植物群落,以促进人体健康。也有研究证实,晒太阳能够有效缓解人的抑郁情绪,还有改善睡眠质量、平衡生理节奏以及促进维生素 D 的吸收和钙的代谢等多项康复作用②。如果场地采光设计不合理,人长期处在阴暗处晒不到太阳,不仅空间本身会因缺乏景观活力而利用率较低,而且不利于活动主体进行健康的活动,对人的情绪也有不利影响。因此在空间设计中,要通过合理的要素配置,满足使用者对于日光的摄取需求,在植物搭配上要重点考虑常绿树种与落叶树种的比例,保证良好的采光。

在植物景观营造方面,应考虑以常绿树木为主,夏季遮阴防晒、冬季抵挡寒风,也要适当配置一定的落叶树木,让居民在冬季可以进行晒背等活动;在运动场地的上风向区域种植松柏类柱冠植物能够大大降低风速,营造适宜运动锻炼的良好空间;将场地空间的植物围合,作为绿化隔离,有效减少不同空间的活动干扰和噪声等消极因素,并且注意采用乔灌草立体的植物群落结构;植物配置体现季节变化,丰富场地植物景观,以绿色植物为主要背景,将色彩偏素雅的植物作为主要的视觉焦点,也可以适当增加少量色彩鲜艳的植物作为点缀,增加植物群落的色彩对比;还要尽量避免配置有飞絮、有刺的植物,保障场地内健身活动的安全性和舒适性。

(四)提升游憩环境的健康效益

打造健康导向型人居环境的主要目的是通过合理的规划,发挥环境的健康效益,引导居民形成健康的生活方式。因此,游憩环境作为居民进行户外体力活动的主要场所和空间,其不同类型的空间设置都应该以提高环境的健康效益为目标,还应考虑健康景观的治疗作用,设计出专门的静心冥想空间以及群体交流空间,提升公共空间环境的心理康复作用。

首先,可以考虑将康复器材与休憩设施相结合,比如将一些结构较为简单、体积较小的康复器材与座椅结合起来,让居民在休息的过程中也可以进行低强度的体力活动。具体可以在座椅扶手及靠背上进行健康优化设计,如橡皮筋手指运动器和腕部功能训练器分别可以锻炼指关节和腕关节,提高关节灵敏度,滚轮按摩器可用于上肢及背部的按摩,可强化肌肤感知、舒筋活血。根据中医按摩理论,可以在部分游步道上铺设卵石以刺激脚部穴位,但需要控制铺设长度;并且卵石铺地的

---

① ADEVI A A,MÄRTENSSON F. Stress rehabilitation through garden therapy:The garden as a place for recovery from stress[J]. Urban forestry & urban greening,2013,12(2):230-237.

② ROSE B,JON A,LEWIS D. Therapeutic effects of an outdoor activity program on nursing home residents with dementia[J]. Journal of housing for the elderly,2007,21(3-4):194-209.

旁边必须同时有平坦的铺装,还要设置座椅,便于行人适当休息。此外,还应优化卵石足底按摩景观路的沿路风景,通过优美的景观分散步行者的注意力,减少穴位刺激带来的不适感(虽然这种轻微不适感是有益身体健康的体感)。

其次,可以采用体验花园的设计。体验花园主要是通过增加知觉感官体验来刺激那些身体功能出现问题的人,以达到康复的目的。可以适当借鉴国外已有的体验花园的设计思路[1],通过视觉、嗅觉、听觉、味觉及触觉等五感体验来强化人在空间中的景观感受,使其在观赏景观的同时舒缓身心。研究表明,深度参与认知有着强化环境修复功能的作用[2],并且这种修复作用具有随时间正向增强的特性,即在景观环境中的感知体验越久,健康修复效果越明显。此外,在多种多样的景观要素中,对植物的深度感知具有更有效的强化修复效果,因此建议在景观环境中营造一个充满观赏性植物、野花草甸以及动态水景的浪漫景观,为居民打造一个充满色彩、味道和悦声的体验花园,强化居民对景观的认知和体验,恢复和促进身心健康。

再次,冥想花园也是一个很好的设计选择。冥想花园主要是从精神健康角度出发营造的景观环境,它通常结构简单、设计简洁,主要是为了给人提供一个安静的冥想环境,使人能够放松身心、集中注意力、平心静气。有研究表明,适度进行冥想活动可以减缓焦虑、缓解抑郁,使人心态平和、安定,其调节情绪的健康功效已在神经科学领域得到证实[3]。冥想花园可以有效降低人的肌肉紧张感和血压,以及减少较强的大脑和心脏活动,促进生理、心理健康的双重恢复。在平面构成要素中,圆以及环都是一种没有角、舒缓平滑的平面几何图形,可以作为整体和生命循环的象征形式;而正方形则代表规则、秩序以及安定,也是冥想花园常用的景观要素平面形式。在活动空间中需要放置便于进行冥想活动的座椅,或者设计一片可以平躺的草坪,以便居民长时间静坐、静躺,同时提供一个视觉焦点,可以是特意设计的观赏式水景。另外,还需要注意色彩的运用,避免采用鲜艳、突出的色调,建议采用绿色、蓝色或者白色等偏冷的颜色,这些颜色有助于人们冷静下来,转而进入冥想的深度状态,从而舒缓情绪、愉悦身心。

最后,还可以增设园艺空间,通过园艺疗法促进身心健康。园艺疗法通过园艺种植池鼓励人与植物进行亲密互动。在园艺空间的设计上,要考虑不同健康状态

---

① GONZALEZ M T,KIREVOLD M. Clinical use of sensory gardens and outdoor environments in norwegian nursing homes:A cross-sectional E-mail survey[J]. Issues in mental health nursing,2015,36(1):35-43.

② 王志芳,程温温,王华清.循证健康修复环境:研究进展与设计启示[J]. 2015(6):110-116.

③ 任俊,黄璐,张振新.冥想使人变得平和:人们对正、负性情绪图片的情绪反应可因冥想训练而降低[J].心理学报,2012(10):1339-1348.

的居民使用种植池的便利程度,种植池的高度、大小等参数都要依据使用者进行设置,不同高度的、多层次的立体种植池的设置,有利于促进人与人之间的交流、互动,另外还可结合自动调整式升降技术,这样即便老人坐在轮椅上也能方便地使用种植池。通过不同设计手法,鼓励居民通过园艺活动进行锻炼。

(五)设置完备的游憩场所设施

完备性的理念主要体现在城市公共开发空间使用功能完备、供居民使用的活动设施多样化、业态功能的混合化等方面。对公共开放空间的打造,内容要完备丰富,如健身运动场所、休憩观景场所、社交活动场所等公共空间要满足人群的活动使用需求。同样,活动设施要人性化,能满足各个年龄层次的需求。此外,业态功能的多样性能为居民带来不同业态服务,如商业、旅游业、服务业等,有利于吸引人群聚集,保持城市活力。其中,运动休闲设施是社区居民进行休闲性体力活动的关键,要根据居民的需求和住区空间的功能来设置,在整体上要体现出一定的完备性、实用性和趣味性。既要考虑到住区不同人群的活动规律,又要体现出生活的情趣,满足不同年龄段居民的生理和心理需求。在注重健身和娱乐设施艺术性和休闲性的同时,又要关注安全性,并采用环保、耐用的材料。

对于城市活动场所,应该设置多样的康体设施,强调功能多样性。除设置跑步道、健身器械等常规康体设施以外,应结合场地布置攀岩墙、轮滑道、球场等各类运动场地,并配置洗手间、商店、座椅等。运动空间要通透、开放,保持活动空间与外界的视线联系,从而吸引他人进入,并有利于减少安全隐患。如某住宅小区利用中央绿地布置了适合全年龄段儿童活动的绿茵足球场、游乐场,适合年轻人社交活动的慢跑跑道、攀岩中心等运动设施,以及适合老年人喝茶、弈棋的休闲设施,为居民提供了充足的活动空间,有利于促进居民健康生活。

对于健身器材场所,其设计重点在于两个方面:一是器材本身的种类、性能以及后期维护情况;二是场所的环境品质和配套水平,包括景观绿化(以植被、水体为主),以及一些必要的基础配套设施,比如休憩设施的数量是否充足。球类运动场地需要具有一定围合感,能够通过地形、植物以及构筑物等要素有效降低风速,并注意配置足够的休息设施。此外,建议在健身器材场所也增设一定数量的座椅,以便居民运动锻炼后休息。植物配置上要考虑高大乔木提供的遮阳条件,减少夏季暴晒,防止个体在运动时出现眩晕感、中暑,以及运动后过度缺水等情况。

对于公共服务设施,其布置和处理将直接影响游憩环境的质量。高质量的游憩环境,除具备交通安全有保障、空间场所可达、环境尺度宜人、活动支持多样等条件外,还应具备完整、完善、人性化的环境设施,以满足步行活动者的生理与心理需求,从而促进体力活动的发生,提高空间质量和使用效益。比如,垃圾箱、饮水器等公共设施的位置和间距的设置要视具体环境情况而定，可多靠近休憩设施以方便使用。较特殊的场地，如儿童游戏场地中，垃圾箱的造型可适当夸张，符合儿童的环境心理，也有助于培养儿童的公共道德意识。另外，小吃亭等环境附属设施的外观要与所处环境的风格和特色相符，并且各自统一，有规律地放置，数量和间距要视具体需要而定。如香港尖沙咀星光大道上的冷饮车，外观造型是电影放映机，符合星光大道的电影主题，为行人提供便利的同时也为环境增添了点缀。

另外，应该考虑为居民提供更多的健身及康复条件，使其能在游憩空间进行更丰富的康复运动，并且要综合考虑不同健康状态的人群各自能进行的健身运动。已有的传统健身项目，包括散步、慢跑等道路类运动，广场舞、健身操、太极拳等舞蹈类运动，以及使用健身器材和球类运动，在运动健身场所中要注意提高其健康适老性；此外，还建议增设一些以康复医学理论为基础的健康活动项目，比如中医按摩、园艺疗法、医学行走训练等。一些个人爱好类的活动也具有较好的促进身心健康的作用，可在实际设计中对其进行考虑。总的来说，要积极营造能够促进更多体力活动的景观环境，创造开展更多健康活动的可能性。

三、人文环境要素规划

塑造具有地域特色的文化环境和满足居民情感需求的心理环境，可以充分提升城市住区环境对居民的吸引力，使居民能够在精神层面产生依恋和共鸣，有助于居民养成健康文明的生活方式。为此，在构建以健康为导向的人文环境时可以从以下几个方面考虑。

(一)彰显城市文化景观特色

每座城市都有着丰富深厚的历史文化底蕴，串联着众多文化遗迹，展现了较为传统的历史风貌，在进行城市文化环境构建的过程中，充分挖掘城市文化对于弘扬城市文化内涵以及构建空间场所精神都有着重要意义，要把握好传统与现代的过渡和结合，实现文化景观的古为今用和传承创新。

首先，要注重文脉景观的设计。城市文脉景观要素是指能够表现该城市文化特色与历史传承，展示城市居民行为特征和生活方式，能够引起人们共鸣的非实体景观要素。每座城市都有其特定的历史文脉，居住环境应该是一个能够唤起居民对城市的记忆，充满地方文化的场所。文脉景观设计要求从城市的人文环境、历史传统和民俗文化等方面出发，表现城市的文化内涵，创造具有城市特色、地域风格，反映城市历史空间文脉特征的慢行景观。文脉景观还要反映场所的历史、民俗和地域性，使人文主义思想得以延续，在设计中要体现地方精神，杜绝虚饰。

其次，在具体的景观场所构建过程中，也应该充分运用具有地域特色的城市记忆要素,将文化融入景观环境之中,传承地域文化,深化场所精神。比如在进行城市人文空间的塑造时,可以邀请一些本地学者和艺术家参与设计,在铺装、灯饰、标识系统、景观小品等要素的材料选取和形式表意上通过大众文化和本土艺术的传承方式,构建地域性景观。此外,还要通过物质形式传达文化,要注意精神层面的活动形式,可以以城市居民熟知的公共空间为活动场所,定期举办一些民俗文化活动,促进城市文化的传播。

最后,还可以利用艺术装置展现城市的健康文化,在增强城市的识别性、丰富视觉吸引点的同时,在艺术创作中展现城市历史文化。在传播城市健康文化的过程中有效提升住区居民对城市空间的认同感,营造温馨的生活空间。在设置时,需要充分挖掘地方特色文化、特色事件、特色人物,展现历史文脉,比如西安雁塔路通过道路走向串联起一系列以唐代历史事件为背景的艺术雕塑,道路的动线和雕塑节点的配合既表达了空间序列,又暗合了事件发生的时间序列,展现了西安曾经作为唐代都城的历史底蕴,这对于我国其他城市文化景观的设置具有很好的启发意义。

(二)增强对场所的认同感和归属感

城市空间场所意义的表达与使用者有关,认同是对使用者的价值取向的体现,也是对场所精神的适应,即认定自己属于某一地方,这个地方由自然的和文化的一切现象所构成,是一个环境的总体。场所意义的产生往往需要多方面因素共同作用,要从多个角度满足人的需求。城市空间的场所意义强调对空间的认同、对空间的休闲体验,一个具有较强认同感的环境能给居民带来情感上的归属感。环境的认同感和归属感是健康导向型人居环境重要的评价指标,也是健康导向型人居环境重要的构建要素。

首先,可以将人文环境呈现的形式与住区物质环境相结合,依托物质环境传承地方文化,着眼于体现当地城市文化特色,彰显地方文化特质。比如挖掘当地传统文化资源,创造具有浓厚历史文化意义的景观,促进人与空间的互动,满足人们对于文化氛围的需求。还可以塑造不同的街坊特色和文化特性,增强居民对住区环境的体验感知,促进邻里交往和日常交流,提升居民对人居环境的认同感和归属感。

其次,研究表明,对过往的美好生活进行回忆和再体验,能够让人通过与自身的对话了解自我、获得存在感、降低失落感、重拾生活动力,也可称之为"怀旧"疗法。在景观设计中,可以在景观墙绘或雕塑小品等中融入一些属于城市居民的年代故事和事件要素,以景观化的手段进行再表达,增加景观环境中的居民记忆点,以增强居民对场所的归属感。还可以借鉴国外一些先进的设计经验,比如美国养老疗养院设计中,将天堂、联系、亲近和自我表达作为设计的四点要素,构建出一个"家"一样的康养景观环境。在城市人文景观设计中也可以引入"家""家园"的概念,通过亲切熟悉的家园景观再现,增强居民的活动安全感和家园归属感。

最后,社区空间需符合居民的地域特征和文化偏好,营造社区归属感,促进心理健康。宜打造具有特殊记忆的空间,充分利用具有典型文化的厂区、老街道等空间场地以及文化要素,修复或重塑单位社区的标志性景观。例如场地的空间设计融入工业文化景观符号,形成集休闲游憩、健身娱乐、文化展示、怀旧纪念及科普教育于一体的社区标志性景观;在老街改造中再现"赶场"文化,形成具有商业服务、文化展示功能的特色街道景观。结合社区文化建设,营造积极向上的社区氛围,从而使居民更好地适应社区生活,提升心理归属感和认同感。此外,在尊重和保护原有的景观格局和文化肌理的基础上,既要做好对传统文化的保护和传承,又要实现现代文化的革新和发展,让环境体验者能够在空间中获得历史的认同感和城市的归属感。

(三)创造更多的邻里交往空间

社会交往发生的空间条件可以概括为"活力""空间适宜"两个方面。"活力"是指人的聚集程度,人们的交往活动一般发生在人群聚集的场所;"空间适宜"是指适宜人交往的场所,可以促进交往活动的发生,更是促进交往活动向深层次发展的主要因素。健康导向下的社会交往空间的构成要素应该包括两个方面:一是有利于交往的空间形态,即创造人们见面机会的空间形态,能促进交往活动的发生,具有引导性;二是有利于交往的空间质量,交往空间的空间质量也包括两方面的内容,即适宜于交往的空间环境和场所意义。因此,住区环境的建设要注重居民心理健康因素,加强邻里交往与沟通,创造更多、更合理的有利于居民交往的新邻里空间,增强住区的安全感、归属感、凝聚力。

首先,在构造新街坊邻里关系形成新社区时,要研究在住区规划中知觉属性因素对居住者产生的视觉及心理刺激效应,以及不同的属性所导致的不同的情感和行为。与开放的外向性空间相比,在封闭性较强的空间里,居住者有较强的领域感和安全感。成组团的住宅布置,与松散自由的布局或均衡呆板的行列布局相比,更能激发居住者的归属感,行为也能得到规范。同时,住区内有必要设置供居民交往、进行休闲活动的公共场所,使居民在活动、交往中体会邻里情的魅力。景观园林的营造,要兼顾观赏性和可参与性。构建良好的空间秩序,空间分级为公共—半公共—半私密—私密,通过建筑、交通组织、园林丰富空间层级,让居民获得更多的体验并产生归属感。住区里应配置合理的商业及配套服务,营造具有街区中心感的地带。开发商和物业管理者要与街道组织、物业公司和业委会合作,持续地参与、推动社区文化建设。

其次，要注重营造和谐的邻里关系。具体说来，邻里关系主要从住区的安全感、归属感和凝聚力三方面来营造。安全感指住区环境能让居民产生安全、私密的心理感受。归属感指居民对本住区地域和人群的喜爱、依恋等心理感觉，相当于领域感。归属感主要取决于居民在住区中居住的时间、人际关系（即对住区居民的熟悉程度）、住区满足感以及公众参与度。凝聚力指居民与住区的一种精神心态上的相依关系，一种对住区的认同感，一种能够使居民之间相互交往、相互帮助的精神力量。

最后，通过合理的领域设计来减少居民心理环境影响因素的干扰。比如，以各种建筑要素界定明确的领域层次。有明确的领域范围和边界标识，是实现住区内形成有效交往并产生认同感、提高社区性的首要条件。人们生活在一定区域内，就会产生领域感。领域感能使人们产生归属感，使他们感觉这是自己的"大家"。如，围合-半围合的组团形式比行列式具有更明确的领域感与归属感。心理学家认为，建筑边缘区最有可能产生高质量的交往行为。我们可以充分利用低层架空层，将其设计为有效的交往场所，或者配置一些小型的便民设施。同时通过空间的安排使居民的日常活动有更多的交集，因为经常性的非正式碰面是亲密交往的起点。可通过住宅设计及住宅组合形式等创造效应，如对行列式布局进行错接等。具体来说，还可以通过合理的空间围合、地坪高差，以及合适的地面铺装材料等营造领域感，创建良好的领域空间。设计上可以缩小住区规模，确定适于交往的住区范围，柔化住区边缘，促进住区间的沟通。

（四）满足不同人群的精神需求

如何满足不同人群的精神需求是人文环境健康构建所需要考虑的问题，主要体现在针对不同居民的需求，对其心理精神方面的需求进行特殊的考虑，尽可能在住区环境设计中满足大多数人的健康需求，把住区建设成为一个所有人的健康之家。

在住区环境设计中，要关注居民对社会交往的需求，营造有利于居民交往和共同参与的活动空间，形成邻里和谐的生活氛围，在提升住区环境亲和力和凝聚力的同时，促进居民归属感的形成并对其进行加强。同时，要合理设置交流空间，为居民提供情感沟通的场所，以利于居民产生积极的情感依附，从而对住区的环境产生高度的认同感。在考虑满足居民社会交往需求的同时，还要兼顾特殊人群的需求，设置人性化的特殊设施，方便特殊人群使用，为他们的生活提供便利。连续、舒适的无障碍设计也是弱势群体参与健康活动的重要保障，可以增加空间共享率，是社会公平的重要体现。

建议在住区内修建 3%～5% 的无障碍住宅，并在住区环境中实现普遍的无障碍设计。残疾人行为特点及活动尺度是进行无障碍设计的主要依据。无障碍设计主要从视觉、听觉、触觉、嗅觉以及残疾人的活动尺度考虑，针对肢体残疾者和行动不便者，可在车行道与人行道交叉口处设置坡道，使住区内整个人行道成为一个完整、系统的残疾人使用道路，同时在集中绿地、花园及供儿童和老人休息娱乐处都设计坡道，实现室内、室外无障碍设计的统一，使人们的居住生活更健康、舒适、方便。其中通行空间宽度应适合残疾人行走及活动，道路交叉口不设缘石、台阶，保持交叉口处通行顺畅。要保证地面不打滑，无缝隙，不积水，保持一定的粗糙度。

　　要在人行道设置盲道，并形成完整的步行系统，或运用不同质感的铺面材料、不同的处理方法，引导其形成很强的触觉感知能力并为其指明方向，从而引导其行进。在住区内布置完善的音乐系统，便于视觉障碍者利用听觉了解自己所处环境的位置，若无音乐系统，则可在关键部位设置发声体来提高他们的感知能力，以便其行走、定位。设置"触觉地图"，包括盲文站牌、触觉信号、盲文指示牌和特殊的导向装置。利用味道为视觉障碍者辨别方位及行走提供有用信息，如种植有香味的植物。人行道弯、绿化带设立缘石，引导协助视觉障碍者行走。人行步道上的树、灯、座椅、垃圾箱、标志牌等要统一布置摆放，以免影响视觉障碍者行走，对其造成伤害。在水平视线位置设置色彩对比强烈的、醒目的标志为视弱者提供环境信息。在关键场所或有危险的地方运用强光、强色或光线变化提醒视弱者。

　　对于老年人来说，只有当他在一个具体的空间里感到自在，愿意逗留并产生某种联想时，这个空间才能成为他真正的活动空间。他们更愿意驻留在小空间里，并十分享受住区的自然绿化环境。老年人健身与休闲的场地具有多样性、综合性的特点，在不同的时间段，往往会有不同的使用内容和使用对象。早晨是老年人晨练的主要时间段，下午主要是老年人见面和交流的时间，其他时间可能是青少年或家庭户外活动（如游玩、散步、读书等）的时间，而假日更多的是住区居民开展家庭户外活动的时间，有时也会是社区活动的时间。因此，老年人的健身与休闲场地应该考虑多样化的用途，位置宜布局在住区各种形式的绿地内，服务半径一般在200～300m。此外，考虑到老年群体的特殊性，可以在空间环境中专门为其增设一些含有象征性意义的景观，通过精神寄托和联想发散来调节其精神状态。比如"生命轮回"这种隐喻设计能够让人感到内心平和、安定，借助冥想活动，可以达到缓解压力、纾解烦闷的健康效果。这种设计不仅适用于易感到孤寂的老年人，而且对现代社会中身体长期处于亚健康状态的中青年人同样适用。

　　儿童游戏场地的设计首先要考虑适宜于儿童的尺度，如游戏器械的高度、儿童能够越过的障碍及他们活动时目光视线的阻碍。注意活动危险性的预防，通过合理的设计减少危险因素。为了便于成人的监护，游戏场地应该尽可能地接近住户或住宅单元，尽量有一个相对围合的空间，住宅院落是一个理想的位置，但要保证基本没有车辆通行。儿童游戏场按每人 $0.5\sim1.2m^2$ 计算,服务半径不宜大于 50m,或每 20~30 个幼儿(或每 30~60 户)设一处儿童游乐场,同时要考虑设置家长监护或陪伴时能使用的休息设施,提高他们在监护或陪伴时相互交往的可能性。另外要注意精神方面的设计要素,如设计植物和其他自然元素交互的环境,如水、沙、泥土、卵石等。植物配置要注意物种的选择,避免种植有毒、有刺、有黏液、有污染性浆果的植物。同时,增加能引起丰富感观刺激的要素,激发儿童新奇的体验与探险的欲望。

(五)组织丰富的健康文化活动

住区的健康文化活动的作用在于造就一种精神的感染力,使居民感到生活环境的明快、清新、舒适与写意,焕发生机,激发人们对美好生活的向往与追求。健康的文化活动可以使多样化的空间充分发挥其活动载体的作用,在吸引人们进行体力活动的同时,能够有效地促进健康文化的推广,提升城市空间的人文品质,对营造健康的城市人文环境具有非凡的意义。

首先,承载文化事件是城市空间不可或缺的功能,组织不同形式的文化活动,不仅有助于吸引不同偏好的人们定期走出家门参与群体活动,也有利于发挥城市空间的健康价值。可以在城市环境空间设计中适当调整沿街业态,发挥聚集效应来打造特色商业,增添住区环境的活力。还可以利用沿街空间为街头娱乐活动提供特定的场所支持,街头活动可以吸引人群围观,从而进一步吸引更多的人参与,通过刺激共同的兴趣点促进陌生人之间的交流。

其次,城市社区应该肩负起创设健康教育环境的重担,居民可以利用城市空间自发组织健康交往活动。此类活动通常包括交流类活动、体育类活动和管理类活动,通过参与社区活动,社区居民可以直接地表述自身的真实想法和切实需求,增进居民之间的联系,在促进社区环境健康的同时有利于居民健康水平的提升和社区的和谐稳定。比如文化交流类活动,可以通过举办摄影展、书画展或者音乐会等促进文化知识的传播和具有共同爱好的居民之间的交流。宣传讲座也是文化交流的一种形式,社区可以为居民举办小型健康知识讲座,普及健康知识。体育竞技类活动参与门槛低、策划组织容易,利于激发人们的运动热情,改善他们的健康状况。此外,可以通过社区趣味运动会的形式举办踢毽子比赛、跳绳比赛、拔河比赛和较为容易开展的球类竞技活动,在促进居民锻炼的同时增强社区凝聚力。

再次,以健康文化为创作背景的步行设施,包括雕塑、小品、景观植物、特殊标识、趣味座椅等,这些设施通过健康文化的表达可以实现一般空间氛围向健康教育氛围的转变。在城市空间的健康文化设施应用中,一方面,可以通过艺术作品,利用艺术作品的感染力,融入健康文化的特定场域,使人们切实感受到健康文化的意义。另一方面,设置与路径空间相结合的健康教育设施,根据环境空间的活动类型,选择具有针对性的健康教育内容。比如,在社区定期举办不同形式和主题的各类活动,进行体育文化、健身知识等的宣传,以形成一种健康向上的积极氛围。利用知识讲座、健身大课堂等健康主题活动引导居民科学参与运动,增加他们对健康、健身知识的了解,提高锻炼的积极性,倡导健康化的生活方式。居民还可以参与管理和维护社区环境,充分认识自己生活的街区环境,在加深居民之间交流的同时提升居民的自我认同感和归属感。

最后,鼓励居民以多种方式参与到社区活动中来,共同营造温馨互助的社区氛围。目前实体交流依然是社区居民交流的主要方式,如通过社区公告栏、居民之间口口相传、工作人员通知等方式将信息传达给每户居民,除此之外也应该与时俱进,利用信息技术加强社区成员之间的密切联系。线上活动可以加强居民间的联系从而为线下活动提供纽带。如打造积极健康的社区线上交往平台,居民可以通过组建的网络平台,积极组织社区活动,号召其他居民报名参加,比如羽毛球比赛、篮球比赛、乒乓球比赛、跳绳比赛等,也可以征询社区居民意见,选择有教育意义的主题电影进行露天放映,或者针对某一主题组织社区居民一起开展读书交流会,大家一起分享读书体会。网络的发展可以改变居民的交流方式,让现实中缺乏见面机会的居民也可以借助于互联网建立联系,进行交流。还可以通过搭建的网络平台传播热点新闻,以及健康养生、育儿教育等方面的知识。另外,居民生活上需要帮忙时,比如需要寄养宠物、帮忙搬运物体、修理家电等,也可在网络平台上寻求帮助。

第五节　本 章 小 结

本章针对健康导向型人居环境规划提出了宏观策略和具体策略。在宏观的规划策略层面,可以通过政府政策支持、制度体系完善、加大资金投入力度、社会力量参与和公众集体参与来推动健康人居环境规划的实施。在具体的规划策略层面,对于交通环境要素,可以采用完善城市公共交通系统、提升公共空间的可达性和出行环境的安全性等手段;对于游憩环境要素,可以采用打造复合的活动空间类型、提供全龄人群活动空间、塑造宜人的自然绿化景观、提升环境的健康效益和设置完备的场所设施等手段;对于人文环境要素,可以采用彰显城市文化景观特色、增强场所认同感和归属感、创建邻里交往空间、组织健康文化活动等手段。总之,人居环境是一个综合的整体,除满足基本的社会功能和居民需求之外,各环境要素的规划也要符合自然的规律,遵循生态原则和人性化设计理念,要在体现出地域文化特征和趣味性的同时提升居民对于住区环境的归属感和依恋感。

第七章　结论与展望

第一节　研究结论

本书在健康城市理念的指导下，从影响人们体力活动的人居环境入手，提出"健康导向型人居环境"的概念和研究视角，通过前述章节的整理分析得出如下结论。

第一，健康导向型人居环境规划设计是以住区居民的健康需求为前提而展开的。居民对于健康导向型人居环境的感知需求分为两个方面：一是物质需求，即从满足居民生理需求出发，从体力活动行为需求展开，主要为目的地可达性需求、路径便利性需求、交通安全性需求；二是精神需求，即从满足居民心理需求出发，从体力活动行为过程主观感受需求展开，主要为社会交往性需求、环境审美性需求。

第二，健康导向型人居环境评价是基于物质环境和精神环境展开的。其评价指标体系的构建也应该从这两方面入手，将人居环境内涵和健康促进目标深度结合，进一步分解为可评价的与交通环境、游憩环境、人文环境要素相关联的指标集合。

第三，城市人居环境在居民体力活动和健康促进方面扮演着极为重要的角色。在健康导向型人居环境模型中，各观测变量都有着不同的贡献率，据此，政府相关规划部门在进行人居环境优化时，需要优先考虑提高环境的美化度和土地利用率、改善交通系统的连通性及完善体育基础设施配置（如体育设施数量、种类），以便老年群体能不受限制、安全地到达和使用相关配套设施，提高健康回报。

第四，健康导向型人居环境优化应强调人的主导地位和对城市空间的使用权利。需要建立完善的城市公共交通体系并实现与其他交通方式的便捷转接，鼓励步行和公共交通工具的使用，建设具有多元游憩功能以及城市文化特色的人居环境，提高环境舒适度和景观质量，使人居环境更富有吸引力，更有益于城市和居民的双重健康。

第二节 研 究 展 望

　　人居环境建设规划是一个动态、复杂的庞大问题,研究涉及多个专业领域,内容非常广泛,需要运用丰富的多学科理论知识和研究方法来进行长期研究。本书所能回答的问题有限,未来的研究仍有很多问题值得持续关注:一是未来的研究可融合人文地理学、城市规划、健康促进等更多科学的理论知识,采用更多的客观测量方法,应用大数据及先进科技分析手段来进行人居环境研究,通过纵向的城市发展水平和健康程度的对比研究,促进形成一条科学的、符合实际的健康人居环境规划路径;二是未来的研究应充分考虑不同的人群,扩大研究的区域和范围,并考虑不同群体之间的利益权衡,建立更为完善的评价指标体系,为与健康相关的人居环境的调查研究提供更为客观、准确的测量工具;三是未来的研究需要关注更大的尺度,还要因地制宜地制定相关的目标,较为全面地为政府城市规划提供参考意见;四是未来的研究应该更加精细化,可针对具体健康问题提出相应的人居环境干预手段和途径,同时需加强对多学科交叉的"防治结合"模式的研究,进一步总结、提炼和创新各项政策,使其更加直观地指导城市健康环境建设实践。

参 考 文 献

[1]　于智敏.走出亚健康[M].北京:人民卫生出版社,2003.

[2]　吴明隆.结构方程模型——AMOS 的操作与应用[M].重庆:重庆大学出版社,2009.

[3]　王鸿春,盛继洪.中国健康城市建设研究报告(2018)[M].北京:社会科学文献出版社,2018.

[4]　贝尔,格林,费希尔,等.环境心理学[M].朱建军,吴建平,等译.北京:中国人民大学出版社,2009.

[5]　柴彦威.空间行为与行为空间[M].南京:东南大学出版社,2014.

[6]　周向红.健康城市国际经验与中国方略[M].北京:中国建筑工业出版社,2008.

[7]　傅华,李枫.现代健康促进理论与实践[M].上海:复旦大学出版社,2003.

[8]　梅尔霍夫.社区设计[M].谭新娇,译.北京:中国社会出版社,2002.

[9]　林奇.城市意象[M].方益萍,何晓军,译.北京:华夏出版社,2001.

[10]　李睿煊,李香会,张盼.从空间到场所:住区户外环境的社会维度[M].大连:大连理工大学出版社,2009.

[11]　仇立平.社会研究方法[M].重庆:重庆大学出版社,2008.

[12]　吴志强,李德华.城市规划原理[M].4 版.北京:中国建筑工业出版社,2010.

[13]　朱小雷.建成环境主观评价方法研究[M].南京:东南大学出版社,2005.

[14]　薛薇.SPSS 统计分析方法及应用[M].北京:电子工业出版社,2004.

[15]　李洋.社区人群体力活动测量与促进[M].上海:复旦大学出版社,2011.

[16]　林玉莲,胡正凡.环境心理学[M].北京:中国建筑工业出版社,2000.

[17]　李道增.环境行为学概论[M].北京:清华大学出版社,1999.

［18］　张文昌.社区全科医学概论［M］.北京:科学出版社,2002.

［19］　王江萍.老年人居住外环境规划与设计［M］.北京:中国电力出版社,2009.

［20］　盖尔.交往与空间［M］.4版.何人可,译.北京:中国建筑工业出版社,2011.

［21］　安光义.人居环境学［M］.北京:机械工业出版社,1997.

［22］　方创琳,王德利.中国城市化发展质量的综合测度与提升路径［J］.地理研究,2011,30(11):1931-1946.

［23］　陈柳钦.健康城市建设及其发展趋势［J］.中国市场,2010(33):50-63.

［24］　单卓然,张衔春,黄亚平.健康城市系统双重属性:保障性与促进性［J］.规划师,2012(4):14-18.

［25］　王兰,罗斯.健康城市规划与评估:兴起与趋势［J］.国际城市规划,2016,31(4):1-3.

［26］　徐勇,张亚平,王伟娜,等.健康城市视角下的体育公园规划特征及使用影响因素研究［J］.中国园林,2018,34(5):71-75.

［27］　周向红.加拿大健康城市经验与教训研究［J］.城市规划,2007(9):64-70.

［28］　周向红.欧洲健康城市项目的发展脉络与基本规则论略［J］.国际城市规划,2007(4):65-70.

［29］　李煜,朱文一.纽约城市公共健康空间设计导则及其对北京的启示［J］.世界建筑,2013(9):130-133.

［30］　张雅兰,王兰.健康导向的规划设计导则探索:基于纽约和洛杉矶的经验［J］.南方建筑,2017(4):15-22.

［31］　武占云,单菁菁.健康城市的国际实践及发展趋势［J］.城市观察,2017(6):138-148.

［32］　张晓亮.生态学视角下健康城市规划理论框架的构建［J］.居舍,2018(35):158.

［33］　孙佩锦,陆伟,刘涟涟.促进积极生活的城市设计导则:欧美国家经验［J］.国际城市规划,2019,34(6):86-91.

［34］　郭湘闽,王冬雪.健康城市视角下加拿大慢行环境营建的解读［J］.国际城市规划,2013,28(5):53-57.

［35］　陈昌惠.住房类型、环境与居民健康协作研究之一——文献复习［J］.中国心理卫生杂志,1992,6(1):14-16.

［36］　宋义.创造健康的人居环境——健康住宅［J］.工程建设与档案,2004(3):39-40.

［37］　吕筠,李立明.慢性病防治策略与研究领域的新视角［J］.中国慢性病预

防与控制,2009,17(1):1-3.

[38] 周热娜,李洋,傅华.居住周边环境对居民体力活动水平影响的研究进展[J].中国健康教育,2012,28(9):769-771,781.

[39] 吴超群,吕筠,李立明.体力活动、膳食和吸烟行为的环境影响因素[J].中华疾病控制杂志,2013,17(5):442-446.

[40] 朱为模.从进化论、社会-生态学角度谈环境、步行与健康[J].体育科研,2009,30(5):12-16.

[41] 马文军,潘波.问卷的信度和效度以及如何用 SAS 软件分析[J].中国卫生统计,2000,17(6):364-365.

[42] 董晶晶.论健康导向型的城市空间构成[J].现代城市研究,2009,24(10):77-84.

[43] 陈佩杰,翁锡全,林文弢.体力活动促进型的建成环境研究:多学科、跨部门的共同行动[J].体育与科学,2014,35(1):22-29.

[44] 张莹,翁锡全.建成环境、体力活动与健康关系研究的过去、现在和将来[J].体育与科学,2014,35(1):30-34.

[45] 何晓龙,陈庆果,庄洁.影响体力活动的建成环境定性、定量指标体系[J].体育与科学,2014,35(1):52-58,103.

[46] 陈庆果,温煦.建成环境与休闲性体力活动关系的研究:系统综述[J].体育与科学,2014,35(1):46-51.

[47] 温煦,何晓龙.建成环境对交通性体力活动的影响:研究进展概述[J].体育与科学,2014,35(1):40-45.

[48] 鲁斐栋,谭少华.建成环境对体力活动的影响研究:进展与思考[J].国际城市规划,2015,30(2):62-70.

[49] 曹新宇.社区建成环境和交通行为研究回顾与展望:以美国为鉴[J].国际城市规划,2015,30(4):46-52.

[50] 林雄斌,杨家文.北美都市区建成环境与公共健康关系的研究述评及其启示[J].规划师,2015,31(6):12-19.

[51] 应桃园,应君.城市公园建成环境对居民体力活动的影响——以杭州市为例[J].山东林业科技,2016,46(2):47-50.

[52] 孙斌栋,阎宏,张婷麟.社区建成环境对健康的影响——基于居民个体超重的实证研究[J].地理学报,2016,71(10):1721-1730.

[53] 李海影,宋彦李青,李国,等.城市建成环境与中老年居民体力活动关系[J].中国老年学杂志,2017,37(19):4896-4899.

[54] 王丽岩,冯宁,王洪彪,等.中老年人邻里建成环境的感知与体力活动的

关系[J].沈阳体育学院学报,2017,36(2):67-71,84.

[55] 刘凯.生态文明视角下城市人居环境综合评价——基于山东省济南市居民的调查数据[J].中国名城,2015(8):52-57.

[56] 王胜男.基于风景健康的海南省自贸区人居环境空间研究[J].中国园林,2019,35(9):15-19.

[57] 刘建国,张文忠.人居环境评价方法研究综述[J].城市发展研究,2014,21(6):46-52.

[58] 王淑霞,邓福康,陈小芳.城镇化背景下皖北地区人居环境建设困扰因素与优化路径[J].淮海工学院学报(人文社会科学版),2017,15(2):104-108.

[59] 李蕊,秦颖,侯研君.我国中小城市人居环境评价指标构建研究[J].北京建筑大学学报,2016,32(4):71-76.

[60] 干立超,袁钧钒,童星.城市人居环境评价指标体系构建研究[J].规划师,2016,32(S2):49-57.

[61] 冯治宇.城市人居环境评价指标体系的构建[J].环境与发展,2017,29(5):22,24.

[62] 张志斌,巨继龙,李花.兰州市人居环境与住宅价格空间特征及其相关性[J].经济地理,2018,38(6):69-76.

[63] 刘晓君,张丽.居民对公租房社区人居环境感知与居住意愿研究——以西安市为例[J].现代城市研究,2018(7):114-123.

[64] 章舒莎,李宇阳.健康城市理论研究综述[J].科技视界,2014(25):150-152.

[65] 吴良镛.人居环境科学的探索[J].规划师,2001,3(6):5-8.

[66] 张怀刚.京城"宜居城市"新定位抢眼[J].数据,2005(3):14-17.

[67] 王东敏,Nancy Morrow-Howell,陈功.国内外体力活动影响因素的研究进展——基于社会生态学视角的分析[J].河北体育学院学报,2017,31(1):46-53.

[68] 张莹,陈亮,刘欣.体力活动相关环境对健康的影响[J].环境与健康杂志,2010,27(2):165-168.

[69] 许晨辉,张志强.美国公交站点地区规划及借鉴[J].规划师,2003,5(19):44-47.

[70] 那向谦.国家自然科学基金与人聚环境学的研究[J].建筑学报,1995(3):7.

[71] 冯萤雪,李桂文.矿业棕地生态恢复设计的基础理论[J].新建筑,2014(4):150-153.

[72] 刘瑶.当代人居环境发展趋势[J].文艺生活·文海艺苑,2014

(4):199.

[73] 李建.人居环境研究与建设[J].中州煤炭,2006(4):33-34.

[74] 陈柳钦.健康城市建设及其发展趋势[J].中国市场,2010,592(33):50-63.

[75] 刘滨谊,郭璁.通过设计促进健康——美国"设计下的积极生活"计划简介及启示[J].国外城市规划,2006(2):60-65.

[76] 王兰,廖舒文,赵晓菁.健康城市规划路径与要素辨析[J].国际城市规划,2016(4):4-9.

[77] 董晶晶.论健康导向型的城市空间构成[J].现代城市研究.2009,24(10):77-84.

[78] 肖扬,萨卡尔,韦伯斯特.建成环境与健康的关联:来自香港大学高密度健康城市研究中心的探索性研究[J].时代建筑,2017(5):29-33.

[79] 任泳东,吴晓莉.儿童友好视角下建设健康城市的策略性建议[J].上海城市规划,2017(3):24-29.

[80] 高家骥,朱健亮,张峰.城市人居环境健康评价初探——以大连市为例[J].云南地理环境研究,2015,27(3):33-40.

[81] 韩秀琦.构建健康的城市人居环境——住区规划必须与城市环境有机衔接[J].住区,2016(6):34-36.

[82] 江凌.品牌基因理论视角下特色小镇文化品牌建设——以乌镇为中心的考察[J].贵州大学学报(社会科学版),2019,37(5):83-92.

[83] 何晓龙,漏凯浩,王一超,等.中国城市青少年体质健康型人居实体环境评估指标体系[J].浙江师范大学学报(自然科学版),2019,42(1):96-103.

[84] 胡俊辉,任利剑,运迎霞.健康城市视角下国外可持续城市形态研究述评[J].国际城市规划,2021,36(1):58-68.

[85] 迟丹.东北城镇适宜性人居环境的构建元素[J].文教资料,2018(29):47-48.

[86] 张缤.城市社区健身环境评价要素研究[J].科学咨询(科技管理),2010(7):23-24.

[87] 宋杰,孙庆祝.城市社区体育健身环境评价体系的构建[J].中国体育科技,2005(4):99-102.

[88] 鲁志琴."产城人文"视角下体育特色小镇发展"顶层设计"问题反思[J].天津体育学院学报,2018,33(6):522-527,552.

[89] 赵衡宇,孙艳.基于介质分析视角的邻里交往和住区活力[J].华中建筑,2009,27(6):175-176.

[90] 于永慧."全民健身"与"健康中国"的理论阐释和政策思考[J].北京体育大学学报,2019,42(2):25-35.

[91] 王开.健康导向下城市公园建成环境特征对使用者体力活动影响的研究进展及启示[J].体育科学,2018,38(1):55-62.

[92] 王晓波.国际体力活动长问卷在中国老年人群中应用的信度和效度[J].中国老年学杂志,2015,35(20):5912-5914.

[93] 康利平,管卫宏,应君."社会生态模型"视角下体力活动与环境关系的研究[J].山东林业科技,2015,45(1):18-21.

[94] 陈杨,杨永芳,肖义泽.云南省15~69岁居民体力活动模式及影响因素分析[J].中国卫生统计,2010,27(2):157-158,160.

[95] 刘承吉,张志超.江苏省三市居民体力活动水平的调查研究[J].南京体育学院学报,2012,26(3):43-47.

[96] 陈春,陈勇,于立.为健康城市而规划:建成环境与老年人身体质量指数关系研究[J].城市发展研究,2017,24(4):7-13.

[97] 孙斌栋,但波.上海城市建成环境对居民通勤方式选择的影响[J].地理学报,2015,70(10):1664-1674.

[98] 李文川.身体活动干预的时间成本——效果分析研究评述[J].天津体育学院学报,2014,29(2):155-160.

[99] 张文亮,杨金田,张英建,等."体医融合"背景下体育健康综合体的建设[J].体育学刊,2018,25(6):60-67.

[100] 程孟良.健康中国背景下城市化进程中休闲健身空间建设探讨[J].广州体育学院学报,2018,38(1):47-50.

[101] 姜玉培,甄峰,孙鸿鹄,等.健康视角下城市建成环境对老年人日常步行活动的影响研究[J].地理研究,2020,39(3):570-584.

[102] 王淑霞,邓福康,陈小芳.城镇化背景下皖北地区人居环境建设困扰因素与优化路径[J].淮海工学院学报(人文社会科学版),2017,15(2):104-108.

[103] 李蕊,秦颖,侯研君.我国中小城市人居环境评价指标构建研究[J].北京建筑大学学报,2016,32(4):71-76.

[104] 王欢,王馨塘,佟海青,等.三种加速度计测量多种身体活动的效度比较[J].体育科学,2014,34(5):45-50.

[105] 刘阳.基于加速度计的身体活动测量研究前沿[J].北京体育大学学报,2016,39(8):66-73.

[106] 贺刚,黄雅君,王香生.加速度计在儿童体力活动测量中的应用[J].体育科学,2011,31(8):72-77.

[107] 齐亚强. 自评一般健康的信度和效度分析[J]. 社会,2014,34(6): 196-215.

[108] 陆杰华,李月,郑冰. 中国大陆老年人社会参与和自评健康相互影响关系的实证分析——基于 CLHLS 数据的检验[J]. 人口研究,2017,41(1):15-26.

[109] 陈望衡,陈露阳.环境审美的时代性发展——再论"生态文明美学"[J].郑州大学学报(哲学社会科学版),2018,51(1):5-9,158.

[110] 周热娜,傅华,罗剑锋,等.中国城市社区居民步行环境量表信度及效度评价[J].中国公共卫生,2011,27(7):841-843.

[111] 魏忠庆.城市人居环境评价模式研究与实践[D].重庆:重庆大学,2005.

[112] 白皓文. 健康导向下城市住区空间构成及营造策略研究[D].哈尔滨:哈尔滨工业大学,2010.

[113] 鲁斐栋. 城市住区宜步行的物质空间形态研究[D]. 重庆:重庆大学,2014.

[114] 孙佩锦. 促进积极生活的住区环境优化研究[D].大连:大连理工大学,2017.

[115] 方圆. 基于健康促进的既有住区微空间营造策略研究[D].哈尔滨:哈尔滨工业大学,2018.

[116] 张天戈. 环境行为学视角下的住区外部空间设计研究[D].天津:河北工业大学,2016.

[117] 李聪. 基于舒适度优化的沈阳旧住宅小区适老化景观更新研究[D].沈阳:沈阳建筑大学,2017.

[118] 丁美煜. 基于居住满意度的旧有住区更新改造研究[D].哈尔滨:哈尔滨工业大学,2019.

[119] 赵东霞. 城市社区居民满意度模型与评价指标体系研究[D].大连:大连理工大学,2010.

[120] 王珩. 生态健康居住小区外环境构成及评价研究[D].哈尔滨:东北林业大学,2007.

[121] 吴殷. 上海人居环境评价与生态人居建设构想[D].上海:上海大学,2006.

[122] 卢丹梅. 城市健康住区环境构成及评价指标研究[D].武汉:华中科技大学,2004.

[123] 梁瑞. 西安市城市居民体力活动状况及其影响因素分析[D]. 西安:西安体育学院,2012.

［124］ 姜世汉. 基于环境行为学的城市商业中心区公共空间研究［D］. 邯郸：河北工程大学，2010.

［125］ 国家统计局. 李希如：人口总量平稳增长 城镇化水平稳步提高［EB/OL］.（2019-01-23）. http：//www. stats. gov. cn/tjsj/sjjd/201901/t20190123_1646380. html.

［126］ 新华社. 习近平：把人民健康放在优先发展战略地位［EB/OL］.（2016-08-20）. http：//www. xinhuanet. com//politics/2016－08/20/c_1119425802. htm.

［127］ 习近平. 决胜全面建成小康社会 夺取新时代中国特色社会主义伟大胜利——在中国共产党第十九次全国代表大会上的报告［EB/OL］.（2017-10-27）. http：//www. gov. cn/zhuanti/2017-10/27/content_5234876. htm.

［128］ HOFSTAD H. Healthy urban planning：Ambitions, practices and prospects in a Norwegian context［J］. Planning theory & practice, 2011, 12（3）：387-406.

［129］ FORSYTH A, SLOTTERBACK C S, KRIZEK K. Health impact assessment（HIA）for planners［J］. Urban planning international, 2015, 24（3）：231-245.

［130］ MACFARLANE R G, WOOD L P, CAMPBELL M E. Healthy toronto by design：Promoting a healthier built environment［J］. Canadian journal of public health, 2015, 106（suppl 1）：5-8.

［131］ GRANT M. European healthy city network phase V：Patterns emerging for healthy urban planning［J］. Health promotion international, 2015, 30（1）：54-70.

［132］ PIKORA T, GILES-CORTI B, BULL F, et al. Developing a framework for assessment of the environmental determinants of walking and cycling［J］. Social science & medicine, 2003, 56（8）：1693-1703.

［133］ SAELENS B E, SALLIS J F, FRANK L D, et al. Neighborhood environment and psychosocial correlates of adults' physical activity［J］. Med sci sports exerc, 2012, 44（4）：637-646.

［134］ EWING R, CERVERO R. Travel and the built environment：A meta-analysis［J］. Journal of the American Planning Association, 2010, 76（3）：265-294.

［135］ GILES-CORTI B, WOOD G, PIKORA T, et al. School site and the potential to walk to school：The impact of street connectivity and traffic exposure in school neighborhoods［J］. Health & place, 2011, 17（2）：545-550.

［136］ KELLY-SCHWARTZ A C, STOCKARD J, DOYLE S, et al. Is

sprawl unhealthy? A multi-level analysis of the relationship of metropolitan spraw to the health of individuals[J]. Journal of planning education and research, 2004,24(2):184-196.

[137]　BARTON H,GRANT M,GUISE R. Shaping Neighbourhoods:For Local Health and Global Sustainability[M]. London:Routledge,2010.

[138]　CERVERO R,KOCKELMAN K. Travel demand and the 3Ds:Density,diversity,and design[J]. Transportation research Part D:Transport & environment,1997,2(3):199-219.

[139]　FRUMKIN H. Urban spraw and public health[J]. Public health reports,2002,117(3):201-217.

[140]　RHODES R E,BROWN S G,MCINTYRE C A. Integrating the perceived neighborhood environment and the theory of planned behavior when predicting walking in a Canadian adult sample[J]. American journal of health promotion,2006,21(2):110-118.

[141]　SOMA Y,TSUNODA K,KITANO N,et al. Relationship between built environment attributes and physical function in Japanese community-dwelling older adults[J]. Geriatrics & gerontology international,2016,17(3):382-390.

[142]　HAWE P,SHIELL A. Social capital and health promotion:A review [J]. Social science & medicine,2000,51(6):871-885.

[143]　VOJNOVIC I,JACKSON-ELMOORE C J,HOLTROP J,et al. The renewed interest in urban form and public health:Promoting increase physical activity in Michigan[J]. Cities,2006,23(1):1-17.

[144]　SAELENS B E,SALLIS J F,FRANK L D. Environmental correlates of walking and cycling:Findings from the transportation,urban design,and planning literatures[J]. Annals of behavioral medicine,2003,25(2):80-91.

[145]　BOARNET M G,DAY K,ANDERSON C,et al. California's safe routes to school program:Impacts on walking,bicycling,and pedestrian safety[J]. Journal of the American Planning Association,2005,71(3):301-317.

[146]　NELSON M C,GORDON-LARSEN P,SONG Y,et al. Built and social environments associations with adolescent overweight and activity[J]. American journal of preventive medicine,2006,31(2):109-117.

[147]　INOUE S,OHYA Y,ODAGIRI Y,et al. Association between perceived neighborhood environment and walking among adults in 4 cities in Japan [J]. Journal of epidemiol,2010,20 (4):277-286.

[148]　TESTER J M. The built environment: Designing communities to promote physical activity in children[J]. Pediatrics: Official publication of the American academy of pediatrics,2009,123(6):1591-1598.

[149]　SIMONS D,CLARYS P,DC BOURDCAUDHUIJ 1,et al. Factors influencing mode of transport in older adolescents:A qualitative study[J]. BMC public health, 2013,13:323.

[150]　ALFONZO M A. To walk or not to walk? The hierarchy of walking needs[J]. Environment and behavior,2005,37(6):808-836.

[151]　ZLOT A I,SCHMID T L. Relationships among community charac-teristics and walking and bicycling for transportation or recreation[J]. American journal of health promotion, 2005,19(4):314-317.

[152]　SIGMUNDOVÁ D,EI ANSARI W,SIGMUND E. Neighbourhood environment correlates of physical activity:A study of eight Czech regional towns [J]. International journal of environmental research and public health, 2011, 8 (2):341-357.

[153]　KONDO K,LEE J S,KAWAKUBO K. Association between daily physical activity and neighborhood environments[J]. Environmental health pre-ventive medicine,2009,14 (3):196-206.

[154]　LOUTTIT C M. Explorations in personality[J]. Journal of abnor-mal and social psychology,1939,23(5):636-638.

[155]　Transportation Research Board (TRB). Does the built environment influ-ence physical activity:Examining the evidence[R]. Washington, D. C. :TRB,2005.

[156]　SIMONS-MORTON D B,SIMONS-MORTON B G,PARCEL G S,et al. Influencing personal and environmental conditions for community health:A multilevel intervention model[J]. Family & community health, 1988, 11 (2): 25-35.

[157]　CORTI-GILES W. The relative influence of, and interaction be-tween,environmental and individual determinants of recreational physical activity in sedentary workers and home makers[D]. Nedlands,Perth WA: Health Promo-tion Evaluation Unit,Department of Public Health & Graduate School of Man-agement,The University of Western Australia,1998.

[158]　SPENCE J C,LEE R E. Toward a comprehensive model of physical activity[J]. Psychology of sport and exercise,2003,4 (1):7-24.

[159]　ZIMRING C,JOSEPH A,NICOLL G L,et al. Influences of building

design and site design on physical activity：Research and intervention opportunities[J]. American journal of preventive medicine,2005,28 (2)：186-193.

[160] EWING R. Can the physical environment determine physical activity levels? [J]. Exercise and sport science reviews,2005,33(2)：69-75.

[161] GILES-CORTI B, TIMPERIO A, BULL F, et al. Understanding physical activity environmental correlates：Increased specificity for ecological models[J]. Exercise and sport science reviews,2005,33(4)：175-181.

[162] BARTON H, TSOUROU C. Healthy Urban Planning：A WHO Guide Planning for People[M]. London：Spon Press,2000.

[163] BARTON H, MARCUS G. Shaping Neighborhoods：A Guide for Health,Sustainability and Vitality[M]. London：Spon Press,2003.

[164] BOARNET M G,DAY K,ALFONZO M,et al. The Irvine-Minnesota inventory to measure build environments：Reliability tests[J]. American journal of preventive medicine,2006,30(2)：153-159.

[165] GILES-CORTI B,BROOMHALL M H,KNUIMAN M,et al. Increasing walking：How important is distance to,attractiveness,and size of public open space? [J]. American journal of preventive medicine. 2005,28(2)：169-176.

[166] SAELENS B E,HANDY S L. Built environment correlates of walking：A review[J]. Medicine and science in sports and exercise, 2008, 40 (7)：550-566.

[167] SMITHSON A. Team 10 Primer [M]. Cambridge：The MIT Press,1974.

[168] LANG J. Urban Design：The American Experience[M]. New York：John Wiley & Sons,Inc,1994.

[169] GILES-CORTI B, LOWE M, ARUNDEL J. Achieving the SDGs：Evaluating indicators to be used to benchmark and monitor progress towards creating healthy and sustainable cities[J]. Health policy,2020,124(6)：581-590.

[170] HANCOCK T. Creating healthy cities and communities [J]. Canadian medical association journal,2018,190(7)：E206.

[171] SUMMERSKILL W,WANG H H,HORTON R. Healthy cities：Key to a healthy future in China[J]. The lancet,2018,391(10135)：2086-2087.

[172] BERRIGAN D, PICKLE L, DILL I. Associations between street connectivity and active transportation[J]. International journal of health geographics, 2010,9：20.

[173]　BROWN B B, SMITH K R , HANSON H , et al. Neighborhood design for walking and biking physical activity and body mass index[J]. American journal of preventive medicine, 2013, 44(3):231-238.

[174]　DYCK D V, CARDON G, DEFORCHE B, et al. Environmental and psychosocial correlates of accelerometer-assessed and self-reported physical activity in Belgian adults[J]. International journal of behavioral medicine,2011,18 (3): 235-245.

[175]　HUMPEL N, OWEN N, LESLIE E. Environmental factors associated with adults' participation in physical activity:A review[J]. American journal of preventive medicine,2002,22(3):188-199.

[176]　BERKE E M, KOEPSELL T D, MOUDON A V, et al. Association of the built environment with physical activity and obesity in older people[J]. American journal of public health,2007,97(3):486-492.

[177]　MC NEILL L H, WYRWICH K W, BROWNSON R C, et al. Individual, social environmental, and physical environmental influences on physical activity among black and white adults:A structural equation analysis[J]. Annals of behavioral medicine,2006,31(1):36-44.

[178]　FRANK L, PIVO G. Impacts of mixed use and density on utilization of three modes of travel:Single occupant vehicle,transit,and walking[J]. Transportation research record,1994,14(66):44-52.

[179]　INOUE S, OHYA Y, ODAGIRI Y, et al. Perceived neighborhood environment and walking for specific purposes among elderly Japanese[J]. Journal of epidemiology,2011,21(6):481-490.

[180]　GÓMEZ L F, PARRA D C, BUCHNER D, et al. Built environment attributes and walking patterns among the elderly population in Bogotá[J]. American journal of preventive medicine,2010,38(6):592-599.

[181]　MOTA J, ALMEIDA M, SANTOS P, et al. Perceived neighborhood environments and physical activity in adolescents[J]. Preventive medicine,2005, 41(5-6):834-836.

[182]　BROWN B B, WERNER C M, AMBURGEY J W, et al. Walkable route perceptions and physical features,converging evidence for en route walking experiences[J]. Environment and behavior,2007,39(1):34-61.

[183]　DUNCAN M J, ARBOUR-NICITOPOULOS K, SUBRAMANIEAPIL- LAI M, et al. Revisiting the international physical activity questionnaire (IPAQ):

Assessing physical activity among individuals with schizophrenia[J]. Schizophrenia research,2017,179:2-7.

[184] VAN CAUWENBERG J,DE BOURDEAUDHUIJ I,DE MEESTER F,et al. Relationship between the physical environment and physical activity in older adults:A systematic review[J]. Health & place,2011,17(2):458-469.

[185] GRANT T L,EDWARDS N,SVEISTRUP H,et al. Neighborhood walkability:Older people's perspectives from four neighborhoods in Ottawa,Canada[J]. Journal of aging and physical activity,2010,18 (3) :293-312.

[186] MC GINN A P,EVENSON K R,HERRING A H,et al. Exploring associations between physical activity and perceived and objective measures of the built environment[J]. Journal of urban health,2007,84(2):162-184.

[187] SALLIS J E,CERVERO R B,ASCHER W,et al. An ecological approach to creating active living communities[J]. Annual review of public health, 2006,27:297-322.

[188] SCHIEMAN S,PEARLIN L I. Neighborhood disadvantage, social comparisons, and the subjective assessment of ambient problems among older adults[J]. Social psychology quarterly,2006,69(3):253-269.

[189] SALLIS J F,BOWLES H R,BAUMAN A,et al. Neighborhood environments and physical activity among adults in 11 Countries[J]. American journal of preventive medicine,2009,36(6):484-490.

[190] PAUL W,GEMMA P,MARK P,et al. Physical activity in deprived communities in London:Examining individual and neighbourhood-level factors [J]. PLoS ONE,2013,8(7):e69472.

[191] SJÖSTRÖM M,OJA P,HAGSTRÖMER M,et al. Health-enhancing physical activity across European Union countries:The Eurobarometer study[J]. Journal of public health,2006,14(5):291-300.

[192] CERIN E,SAELENS B E,SALLIS J F,et al. Neighborhood environment walkability scale:Validity and development of a short form[J]. Medicine and science in sports and exercise,2006,38 (9) :1682-1691.

[193] REINER M,NIERMANN C,JEKAUC D,et al. Long-term health benefits of physical activity:A systematic review of longitudinal studies[J]. BMC public health,2013,13(1):2-9.

[194] VOORHEES C C,ASHWOOD S,EVENSON K R,et al. Neighborhood design and perceptions:Relationship with active commuting[J]. Medicine &

science in sports & exercise,2010,42 (7):1253-1260.

[195] HUMPEL N,MAESHALL AL,LESLIE E,et al. Changes in neigh-borhood walking are related to changes in perceptions of environmental attributes [J]. Annals of behavioral medicine,2004,27 (1):60-67

[196] HUMPEL N,OWEN N,LESLIE E,et al. Associations of location and perceived environmental attributes with walking in neighborhoods[J]. Amer-ican journal of health promotion,2004,18(3):239-242.

[197] BROWNSON R C,BAKER E A,HOUSEMANN R A,et al. Envi-ronmental and policy determinants of physical activity in the United States[J]. American journal of public health,2001,91(12):1995-2003.

[198] BORST H C,MIEDEMA H M E,dE VRIES S I,et al. Relationships between street characteristics and perceived attractiveness for walking reported by elderly people[J]. Journal of environmental psychology,2008,28(4):353-361.

[199] BORST H C,dE VRIES S I,GRAHAM J M A,et al. Influence of environmental street characteristics on walking route choice of elderly people[J]. Journal of environmental psychology,2009,29(4):477-484.

[200] PURCIEL M,NECKRMAN K M,LOVASI G S,et al. Creating and validating GIS measures of urban design for health research[J]. Journal of envi-ronmental psychology,2009,29(4):457-466.

[201] MACINTYRE S,MACDONALD L,ELLAWAY A. Lack of agree-ment between measured and self-reported distance from public green parks in Glasgow,Scotland[J]. International journal of behavioral nutrition and physical activity,2008,5(1):1-8.

[202] ZLOT A I,SCHMID T L. Relationships among community charac-teristics and walking and bicycling for transportation or recreation[J]. American journal of health promotion,2005,19(4):314-317.

[203] VAN DYCK D,CARDON G,DEFORCHE B,et al. Neighborhood SES and walkability are related to physical activity behavior in Belgian adults[J]. Preventive medicine,2010,50 (1):74-79.

[204] OWEN N,HUMPEL N,LESILE E,et al. Understanding environ-mental influences on walking:Review and research agenda[J]. American journal of preventive medicine,2004,27(1):67-76.

附　　录

附录一　健康导向型人居环境评价第一轮指标筛选调查问卷

尊敬的专家：

您好！我们是"健康人居环境规划"调查组成员，现在正在进行有关健康人居环境评价指标体系方面的研究，拟建立一套"健康导向型人居环境评价体系"，鉴于您对该领域具有深入的研究，在此欲通过您的专业学识与见解，以确定评价指标，希望您能在百忙之中抽出宝贵的时间填写此表！请各位专家根据您的专业判断，对各评价指标进行重要的判断以及合理的筛选，各评价指标分别设计"保留""删除""修改及修改意见"三个选项，请您对指标是否合理进行判断并提出意见。在此，感谢您对我们的研究给予帮助和指导！

一、下面请您为一级指标给出意见

表 1　　　　　　　　健康导向型人居环境一级指标意见

编号	一级指标	保留	删除	修改及修改意见
1	A1.交通环境			
2	A2.游憩环境			
3	A3.人文环境			

1.您认为以上这些指标合理吗？

A非常合理　　　B合理　　　C基本合理　　　D不合理　　　E非常不合理

2.您认为需要增加的一级指标有：

3.您认为需要删除的一级指标有：

4.您认为需要修改的一级指标有：

二、下面请您为二级指标给出意见

表 2　　　　　　　健康导向型人居环境二级指标意见

编号	二级指标	保留	删除	修改及修改意见
1	B1.目的地可及性			
2	B2.道路连接性			
3	B3.治安全性			
1	B4.环境美化性			
2	B5.场所便利性			
3	B6.设施丰富性			
1	B7.特殊设计			
2	B8.心理情感			
3	B9.地域文化			
4	B10.社会交往			

1.您认为以上这些指标合理吗？

A非常合理　　B合理　　C基本合理　　D不合理　　E非常不合理

2.您认为需要增加的二级指标有：

3.您认为需要删除的二级指标有：

4.您认为需要修改的二级指标有：

三、下面请您为三级指标评分

表3　　　　　　　　　　健康导向型人居环境三级指标意见

编号	三级指标	保留	删除	修改及修改意见
1	C1.商店在您步行或骑行距离内			
2	C2.超市在您步行或骑行距离内			
3	C3.公交站点在您步行或骑行距离内			
4	C4.配套设施在您步行或骑行距离内			
5	C5.活动场所在您步行或骑行距离内			
6	C6.十字路口连接合理			
7	C7.街道数量合适			
8	C8.街边道路卫生情况好			
9	C9.街道路面平坦舒适			
10	C10.街边道路照明情况好			
11	C11.社区周边治安好			
12	C12.社区周边犯罪率低			
13	C13.社区周边交通安全性好			
14	C14.活动设施设计安全			
15	C15.噪声和污染小			
16	C16.体育设施使用年限/维修情况			
17	C17.环境清洁卫生			
18	C18.绿化等景观元素多/色彩丰富			
19	C19.配套设施（洗手间、遮阴和挡雨棚）			
20	C20.自然资源丰富（湖泊、山水）			

续表

编号	三级指标	保留	删除	修改及修改意见
21	C21.植被多样			
22	C22.自然环境采光好			
23	C23.住区附近有城市公园			
24	C24.住区附近有休闲广场			
25	C25.住区附近有健身绿道			
26	C26.住区附近有步行路径/自行车道			
27	C27.生活配套设施齐全			
28	C28.休闲娱乐设施齐全			
29	C29.健身设施/器材齐全			
30	C30.设有老年人活动场地			
31	C31.设有儿童活动区域			
32	C32.设有无障碍设施			
33	C33.环境认同感			
34	C34.环境归属感			
35	C35.活动氛围好			
36	C36.故乡情结/乡愁浓厚			
37	C37.非遗文化			
38	C38.展现历史文脉			
39	C39.突显城市文化			
40	C40.具有地方特色			
41	C41.交流与沟通顺畅			
42	C42.社区生活文明			
43	C43.提供文化/健康教育			
44	C44.邻里关系融洽			
45	C45.相处关系融洽			
46	C46.体育活动/指导服务			

1.您认为以上这些指标合理吗?

A非常合理　　　B合理　　　C基本合理　　　D不合理　　　E非常不合理

2.您认为需要增加的三级指标有:

3.您认为需要删除的三级指标有:

4.您认为需要修改的三级指标有:

本次问卷填答到此结束,为防止造成废卷,烦请您再次逐题检查是否有遗漏,谢谢! 祝您工作顺利,身体健康!

附录二　健康导向型人居环境评价第二轮指标筛选调查问卷

尊敬的专家：

您好！十分感谢您在第一轮调查中的评价以及提出的宝贵意见,根据各位专家的意见并经过深入的思考,我们对最初的指标体系进行了一些修改,新的指标体系如下。为了使指标更加准确和合理,请各位专家根据您的专业判断,对以下指标再次进行重要性判断以及合理的筛选,并根据其重要性在后面打分:不重要 1 分,较不重要 2 分,一般重要 3 分,较重要 4 分,重要 5 分。在此,感谢您对我们的研究给予的帮助和指导！

一、下面请您为一级指标评分

表1　　　　　　　　　　健康导向型人居环境一级指标评分

编号	一级指标	评分
1	A1.交通环境	
2	A2.游憩环境	
3	A3.人文环境	

1.您认为以上这些指标合理吗？

A非常合理　　　B合理　　　C基本合理　　　D不合理　　　E非常不合理

2.您认为需要增加的一级指标有：

3.您认为需要删除的一级指标有：

4.您认为需要修改的一级指标有：

二、下面请您为二级指标评分

表2 健康导向型人居环境二级指标评分

一级指标	编号	二级指标	评分
交通环境	1	B1.目的地可及性	
	2	B2.道路连接性	
	3	B3.治安安全性	
游憩环境	1	B4.环境美化性	
	2	B5.场所便利性	
	3	B6.设施丰富性	
人文环境	1	B7.特殊设计	
	2	B8.心理情感	
	3	B9.地域文化	
	4	B10.社会交往	

1.您认为以上这些指标合理吗?

A非常合理　　B合理　　C基本合理　　D不合理　　E非常不合理

2.您认为需要增加的二级指标有:

3.您认为需要删除的二级指标有:

4.您认为需要修改的二级指标有:

三、下面请您为三级指标评分

表 3　　　　　　　　　健康导向型人居环境三级指标评分

二级指标	编号	三级指标	评分
B1. 目的地可及性	1	C1.商店在您步行或骑行距离内	
	2	C2.超市在您步行或骑行距离内	
	3	C3.公交站点在您步行或骑行距离内	
	4	C4.配套设施在您步行或骑行距离内	
	5	C5.活动场所在您步行或骑行距离内	
B2.道路连接性	6	C6.十字路口连接合理	
	7	C7.街道数量合适	
	8	C8.街边道路卫生情况好	
	9	C9.街道路面平坦舒适	
	10	C10.街边道路照明情况好	
B3.治安安全性	11	C11.社区周边治安好/犯罪率低	
	12	C13.社区周边交通安全性好	
	13	C14.活动设施设计安全	
	14	C16.体育设施使用年限/维修情况	
B4.环境美化性	15	C17.环境清洁卫生	
	16	C18.绿化等景观元素多/色彩丰富	
	17	C19.配套设施(洗手间、遮阴和挡雨棚)	
	18	C20.植被/山水等景观	
	19	C22.自然环境采光好	
B5.场所便利性	20	C23.住区附近城市公园	
	21	C24.住区附近休闲广场	
	22	C25.住区附近健身绿道	
	23	C26.住区附近有步行路径/自行车道	
B6.设施丰富性	24	C27.生活配套设施齐全	
	25	C28.休闲娱乐设施齐全	
	26	C29.健身设施/器材齐全	

续表

二级指标	编号	三级指标	评分
B7.特殊设计	27	C30.设有老年人活动场地	
	28	C31.设有儿童活动区域	
	29	C32.设有无障碍设施	
B8.心理情感	30	C33.环境认同/归属感	
	31	C35.活动氛围好	
	32	C36.故乡情结/乡愁浓厚	
B9.地域文化	33	C38.展现历史文脉	
	34	C39.突显城市文化	
	35	C40.具有地方特色	
B10.社会交往	36	C41.交流与沟通顺畅	
	37	C42.社区生活文明	
	38	C43.提供文化/健康教育	
	39	C44.邻里关系融洽	
	40	C46.体育活动/指导服务	

1.您认为以上这些指标合理吗?

A非常合理　　　B合理　　　C基本合理　　　D不合理　　　E非常不合理

2.您认为需要增加的三级指标有:

3.您认为需要删除的三级指标有:

4.您认为需要修改的三级指标有:

　　本次问卷填答到此结束,为防止造成废卷,烦请您再次逐题检查是否有遗漏,谢谢! 祝您工作顺利,身体健康!

附录三　体力活动人居环境调查策划方案

_____社区领导：

您好！我们是"健康人居环境规划"课题组,本次调查的目的是"了解城市人居环境对老年人日常身体活动和健康的影响"。社区老年人所填写的内容仅用于学术研究,我们承诺对老年人填写的内容严格保密。请大家积极配合调查、认真填写问卷,以便我们获得准确的研究数据,为城市老年人日常活动空间的规划与改造贡献力量。在此课题组向您表示衷心的感谢！

1.活动概述

(1)活动名称:老年人健身指导进社区系列活动;

(2)活动时间:　　　月　　　日至　　　月　　　日;

(3)活动对象:

①年龄 60~80 岁;

②能听懂普通话并能与课题组成员口头交流;

③在所选择的社区居住至少 1 年;

④身体健康;

⑤男 20 名,女 20 名;

⑥包括经常运动者和很少运动者。

2.活动流程

(1)填写调查问卷,了解与老年人体力活动相关的人居环境基本情况(约 15 分钟,必须填写);

(2)连续 4 天佩戴加速度计和 GPS 定位器,了解老年人户外体力活动时间、空间特征(必须佩戴);

(3)第 5 天归还加速度计、GPS 定位器等物品,为老年人赠送日常生活用品 1 份(毛巾、洗洁精、洗衣液等);

(4)人体成分测试(约 5 分钟,可选测);

(5)针对老年人日常活动情况,向老年人反馈其体力活动水平,并提出健身意见与建议。

我们郑重承诺:此次调查活动无任何商业目的,调查结果仅用于学术研究,绝不会对老年人的后续生活造成任何打扰和负面影响。

课题组联系人:　　　　　　　　　　　　联系方式:

附录四　知情同意书

1. 背景介绍

您好,我们是"健康人居环境规划"课题组成员。诚邀您参与老年人健身指导进社区系列活动并聆听健康知识讲座参与本次调研。

2. 过程与方法

本次研究项目一共持续 4 天时间(填写调查问卷当天除外),过程如下:①填写调查问卷,了解与您的体力活动相关的人居环境基本情况(约 15 分钟,必须填写);②连续 4 天佩戴加速度计和 GPS 定位器,了解您的体力活动时间、空间特征(必须佩戴);③第 5 天归还加速度计、GPS 定位器等物品,为您赠送日常生活用品 1 份(毛巾、洗洁精、洗衣液等);④人体成分测试(约 5 分钟,可选测),请配合工作人员安排依次测试。

3. 奖励

您将免费获得参与人体成分测试和聆听健康知识讲座的机会,同时获得价值数十元的大礼包。此外,我们会将本次调研的体力活动情况反馈给您,并结合实际情况为您提出相应的健身意见与建议。

4. 隐私与保密措施

本调查活动无任何商业目的,您填写的个人基本情况以及参与测试的数据仅用于学术研究,我们将会进行保密处理,并在研究结束后予以销毁,绝不会对您的后续生活造成任何打扰和负面影响。

5. 参与条款

参与"健康人居环境规划"调查纯属自愿,为保证本次研究真实、有效,请您在今后的 4 天时间内保持正常的生活状态,认真佩戴加速度计和 GPS 定位器。

6. 联系方式

如果对本次测试产生任何疑问,请您联系本课题组研究人员:＿＿＿＿＿＿＿＿,电话:＿＿＿＿＿＿＿＿＿＿＿＿＿。

7. 知情同意书签字

本人已认真阅读上述资讯,决定自愿参加"城市人居环境与老年人体力活动和健康"研究项目。

参与者签字:＿＿＿＿＿＿＿　　　　联系方式:＿＿＿＿＿＿＿＿＿＿＿

附录五　老年人体力活动人居环境调查问卷

您好！我们是"健康人居环境规划"课题组,本次调查旨在为城市健康型人居环境建设提供依据,调查结果仅用于学术研究。恳请您按顺序无遗漏地填写真实情况,以便我们获得准确的研究数据,为城市老年人日常身体活动的空间规划与改造贡献力量。我们郑重承诺对您填写的所有内容严格保密,绝不会对您的后续生活造成任何打扰和负面影响。课题组在此向您表示衷心的感谢!

一、个人基本情况

1.您的性别:①男　　　　　　　②女

2.您的年龄:＿＿＿＿＿＿,身高＿＿＿＿＿＿(厘米),体重＿＿＿＿＿＿(千克)。

3.您的最高学历是?

①小学及以下　　　　②初中　　　③高中(含中专)　　　④大学(含大专)及以上

4.您以前的职业是?

①干部、管理人员　　②企事业、厂矿职工　　③农、林、牧、渔、水利业生产人员

④军人　　　　　　　⑤商业、服务业人员　　⑥自由职业者、个体户

⑦无业、失业、半失业者　　⑧其他

5.您的月平均收入大致在?

①1000 元以下　　　　②1001～2000 元　　　　③2001～3000 元

④3001～4000 元　　　⑤4000 元以上

6.您的情况属于下列选项中的哪一个(单选)?

①夫妻双方健在,与子女同住　　　②夫妻双方健在,未与子女同住

③单身,与子女同住　　　　　　　④单身,未与子女同住

二、患慢性病数量调查

您有无以下常见的老年疾病(多选题)?

①高血压　　　②糖尿病　　　③高血脂　　　④无

三、自评健康调查

您对自己健康状况的自我评价是＿＿＿＿＿＿分。

(1分表示最差,2分表示较差,3分表示一般,4分表示较好,5分表示最好)

四、认知功能调查

MoCA量表						
姓名：	性别：	年龄：　岁	受教育程度：	日期：		总分：

视空间与执行功能	得分

画钟表（11点过10分）

复制立方体

[ ]　　　　[ ]　　　[ ][ ][ ]

__/5

命名

[ ]　　　　[ ]　　　　[ ]

__/3

记忆	读出下列词语，然后由患者重复上述过程重复2次，5分钟后回忆		面孔	天鹅绒	教堂	菊花	红色	不计分
		第一次						
		第二次						

注意	读出下列数字，请患者重复（每秒1个）	顺背[ ]　　21854	__/2
		倒背[ ]　　742	
	读出下列数字，每当数字出现1时，患者敲1下桌面，错误数大于或等于2不给分	[ ] 521 394 118 062 151 945 111 419 051 12	__/1

100连续减7	[ ]93	[ ]86	[ ]79	[ ]72	[ ]65	__/3
	4~5个正确给3分，2~3个正确给1分，全部错误为0分。					

语言	重复：我只知道今天张亮是来帮过忙的人。[ ]狗在房间的时候，猫总是躲在沙发下面"[ ]	__/2
	流畅性：在1分钟内尽可能多地说出动物的名字。[ ]_____(N≥11名称)	__/1

抽象	词语相似性：香蕉—桔子=水果 [ ]火车—自行车[ ]手表—尺子	__/2

延迟回忆	回忆时不能提示	面孔[ ]	天鹅绒[ ]	教堂[ ]	菊花[ ]	红色[ ]	仅根据非提示记忆得分	__/5
	分类提示：							
	多选提示：							

定向	[ ]日期　[ ]月份　[ ]年代　[ ]星期几　[ ]地点　[ ]城市	__/6

五、人居环境评价调查

根据您所处的人居环境实际情况,结合平时户外活动时对人居环境的感知和活动氛围的感受,请您对问卷内容予以客观作答,在相应的栏目中打"√"。

序号	条目	非常符合	比较符合	一般符合	不太符合	很不符合
目的地可及性						
1	商店在您步行或骑行距离内					
2	超市在您步行或骑行距离内					
3	公交站点在您步行或骑行距离内					
4	配套设施在您步行或骑行距离内					
5	活动场所在您步行或骑行距离内					
道路连接性						
6	十字路口连接合理					
7	街道数量合适					
8	街边道路卫生情况好					
9	街道路面平坦舒适					
10	街边道路照明情况好					
治安安全性						
11	社区周边治安好/犯罪率低					
12	社区周边交通安全性好					
13	活动设施设计安全					
环境美化性						
14	环境清洁卫生					
15	绿化等景观元素多/色彩丰富					
16	植被/山水等景观					
17	自然环境采光好					
场所便利性						
18	住区附近有城市公园					
19	住区附近有休闲广场					

续表

序号	条目	非常符合	比较符合	一般符合	不太符合	很不符合
20	住区附近有健身绿道					
21	住区附近有步行路径/自行车道					
设施丰富性						
22	生活配套设施齐全					
23	休闲娱乐设施齐全					
24	健身设施/器材齐全					
特殊设计						
25	设有老年人活动场地					
26	设有儿童活动区域					
27	设有无障碍设计					
心理情感						
28	环境认同/归属感					
29	活动氛围好					
30	故乡情结/乡愁浓厚					
地域文化						
31	展现历史文脉					
32	突显城市文化					
33	具有地方特色					
社会交往						
34	交流与沟通顺畅					
35	社区生活文明					
36	提供文化/健康教育					
37	邻里关系融洽					
38	体育活动/指导服务					

问卷到此结束,感谢您的合作与帮助,祝您身体健康,万事如意,谢谢!

附录六　户外体力活动日志

在测试期间,请您每天睡觉前回忆并准确记录当天在户外的各项身体活动。如果您在某一天或某个时间段没有佩戴加速度计或 GPS 定位器,请在此写明。

主要活动场所:1.健身休闲场所,包括校区附近的健身路径、广场、山路、湖边等;

2.商业场所,包括商店、超市、菜市场等;

3.服务场所,如邮局、医院、银行等。

离家距离:1.500 米以内;2.501～1000 米;3.1001～2000 米;4.2000 米以上

出行方式:1.步行;2.自行车;3.公共汽车;4.地铁;5.电动车;6.私家车

时间	活动次数	活动开始和结束时间	主要活动场所	出行方式	离家距离
第1天	1				
	2				
	3				
	4				
	5				
	6				
	7				
	8				
第2天	1				
	2				
	3				
	4				
	5				
	6				
	7				
	8				

续表

时间	活动次数	活动开始和结束时间	主要活动场所	出行方式	离家距离
第3天	1				
	2				
	3				
	4				
	5				
	6				
	7				
	8				
第4天	1				
	2				
	3				
	4				
	5				
	6				
	7				
	8				